EUROPA-FACHBUCHREIHE
für Elektrotechnik und das Lehrsystem Elektronik

FACHZEICHNEN

für elektrotechnische und elektronische Berufe

Teil 1:
Übungsbuch für die Grundstufe

Bearbeitet von
Lehrern an beruflichen Schulen und Seminaren für Erziehung
und Didaktik sowie von Ingenieuren
(siehe Rückseite)

2. Auflage

VERLAG EUROPA-LEHRMITTEL · Nourney, Vollmer & Co., OHG
KLEINER WERTH 50 · POSTFACH 201815 · 5600 WUPPERTAL 2

Europa-Nr. 31126

Autoren des Übungsbuches für die Grundstufe

Georg Fundel	Ing. (grad.), Studiendirektor	Sigmaringen
Heinz Häberle	Dipl.-Gwl., Oberstudiendirektor	Friedrichshafen
Oskar Huber	Elektroing. (HTL), Gewerbelehrer	Luzern
Gerhard Mangold	Dipl.-Ing., Studienprofessor	Tettnang, Biberach
Hans Albrecht Schwarz	Dipl.-Ing., Professor	Stuttgart, Ludwigsburg
Günter Springer	Dipl.-Gwl., Professor, Dr.	Stuttgart

Bildbearbeitung:

Verlag Europa-Lehrmittel, Wuppertal

Lektorat:

Oberstudiendirektor Häberle, Friedrichshafen

Diesem Buch wurden die neuesten Ausgaben der DIN-Blätter und der VDE-Bestimmungen zugrunde gelegt. Verbindlich sind jedoch nur die DIN-Blätter und VDE-Bestimmungen selbst.

Die DIN-Blätter können von der Beuth-Vertrieb GmbH, Burggrafenstraße 4—7, 1000 Berlin 30, bezogen werden. Die VDE-Bestimmungen sind bei der VDE-Verlag GmbH, Bismarckstraße 33, 1000 Berlin 12, erhältlich.

ISBN 3-8085-3112-6

Alle Rechte vorbehalten. Nach dem Urheberrecht sind auch für Zwecke der Unterrichtsgestaltung die Vervielfältigung, Speicherung und Übertragung des ganzen Werkes oder einzelner Textabschnitte, Abbildungen, Tafeln und Tabellen auf Papier, Transparente, Filme, Bänder, Platten und andere Medien nur nach vorheriger Vereinbarung mit dem Verlag gestattet. Ausgenommen hiervon sind die in den §§ 53 und 54 UrhG ausdrücklich genannten Sonderfälle.

Copyright 1981 by Verlag Europa-Lehrmittel, Nourney, Vollmer & Co., OHG, 5600 Wuppertal 2
Satz und Druck: IMO-Großdruckerei, 5600 Wuppertal 2

Vorwort

Die Zeichnung ist die Sprache der Technik. So nimmt das Fachzeichnen heute in der Ausbildung aller Elektroberufe einen festen Platz ein.

Das Fachzeichnen der Elektrotechnik besteht aus dem technischen Zeichnen im engeren Sinn und dem Schaltungszeichnen. Das technische Zeichnen soll den angehenden Elektrofachmann befähigen, auch in der Fertigung tätig zu werden, z. B. an Werkzeugmaschinen. Vor allem aber soll er in die Lage versetzt werden, technische Zeichnungen „lesen" zu können. Das Schaltungszeichnen hat die entsprechende Aufgabe. Es soll aber darüber hinaus noch zum Verständnis der elektrischen Vorgänge beitragen und die Fähigkeit zu Denkprozessen und Lernprozessen entwickeln.

Das vorliegende Buch „Übungsaufgaben für die Grundstufe" ist der Teil 1 eines Unterrichtswerkes über das Fachzeichnen für sämtliche Elektroberufe. Die Verfasser waren bemüht, ihre langjährige Erfahrung im Fachzeichnen zur Innovation gegenüber herkömmlichen Zeichenlehrgängen zu verwenden. In der Annahme, daß der Auszubildende zu selbständiger Tätigkeit geführt werden muß, wurde auf das Ausfüllen vorgedruckter Blätter bewußt verzichtet. Als Novum didaktischer Art darf bezeichnet werden, daß nicht die Reihenfolge der Behandlung der technischen Stoffe im Unterricht die Gliederung des Buches bestimmt, sondern die verschiedenen Arten der Aufgabenstellungen, die sich nach der Qualifikation des Adressaten richten. So wurden, insbesonders im Schaltungszeichnen, die technischen Inhalte, z. B. die Lampenschaltungen, in verschiedenen Kapiteln der Aufgabenstellung wiederholt, z. B. bei den Stromlaufplänen in zusammenhängender Darstellung, den Stromlaufplänen in aufgelöster Darstellung und den Übersichtsschaltplänen.

Methodisch ist bei den Aufgaben bemerkenswert, daß häufig die Festlegung der Maße, auch für die Blatteinteilung, durch einen farbigen Raster erfolgt. Abgesehen von der zeichnerischen Zweckmäßigkeit soll dadurch der Auszubildende an die zunehmend wichtiger werdende Rasterung herangeführt werden, die bei gedruckten Schaltungen oder im Fertigbau vorkommt. Weiter ist bemerkenswert, daß ein nicht zu knapper Teil der Aufgaben in programmierter Form gestellt worden ist. Dabei wurde ein Verfahren gewählt, bei welchem Antwortenauswahl, Aufgaben und Zuordnungsaufgaben durch Angabe von Ziffern oder von Zahlen gelöst werden. Das erleichtert die Korrektur und ermöglicht dadurch die Durchführung von Erfolgstests in kurzer Zeit auf gewöhnlichem Schreibpapier.

Die Verfasser

Hinweise für den Benützer

1. Der vorliegende Band liefert mehr Aufgaben, als Sie auszuarbeiten haben. Das ist nötig, damit Ihr Lehrer die Ihnen gemäße Aufgabe heraussuchen kann.

2. Sie finden Aufgaben, die nur durch eine Nummer gekennzeichnet sind, und solche, die durch ein zusätzliches p gekennzeichnet sind. Die erstgenannten Aufgaben sind Arbeitsaufgaben, an deren Lösung Sie je nach Leistungsstand und Ausführung der Zeichnung 1 bis 2 Unterrichtsstunden arbeiten. Die p-Aufgaben sind programmierte Aufgaben für die Lernzielkontrolle. Bei diesen müssen Sie als Antwort eine Ziffer oder eine Ziffernkombination, also eine Zahl, einsetzen.

3. Von jeder Arbeitsaufgabe zeichnen Sie die Lösung auf ein Blatt DIN A 4, und zwar mit dem in Ihrer Schule üblichen Rand. Das Format (Hochformat oder Querformat) ist dem Aufgabentext zu entnehmen.

4. Für jede Arbeitsaufgabe ist eine Überschrift erforderlich, z. B. „Schaltnocken" oder „Lichtstromkreis". Diese geht meist aus dem Aufgabentext hervor. Überlegen Sie diese Überschrift selbst und schreiben Sie diese bei Beginn der Arbeit auf Ihr Blatt.

5. Die Einteilung des Zeichenblattes geht aus dem Text hervor. Bei Aufgaben mit dem blauen Raster legen Sie zuerst die gegebenen Punkte oder die Bauelemente auf dem Blatt fest. Danach vervollständigen Sie die Zeichnung. Die Zeichengröße der Bauelemente, z. B. der Schalter, richtet sich nach Ihrer Schablone. Im Buch wurden die Schaltzeichen meist im Verhältnis zur Blattgröße größer dargestellt, damit Sie Einzelheiten erkennen können.

INHALTSVERZEICHNIS

Stufe I: Grundkenntnisse

1 Grundstufe Elektrotechnik

1.1 Grundlagen des technischen Zeichnens 5

- 1.1.1 Normschriften und Linienarten 5
- 1.1.2 Geometrische Grundkonstruktionen 6
- 1.1.3 Bemaßung flacher Körper . 8
- 1.1.4 Kreisanschlüsse 12
- 1.1.5 Ansichten von Körpern . . 14
    - 1.1.5.1. Ansichten aus Schrägbildern . . . 14
    - 1.1.5.2. Ergänzen von Ansichten 16
- 1.1.6 Drehteile 17
- 1.1.7 Schnitte, Bohrungen 18
- 1.1.8 Gewinde 22
- 1.1.9 Oberflächenzeichen, Toleranzen 24

1.2 Anwendung des technischen Zeichnens 25

- 1.2.1 Ansichten aus Beschreibung 25
- 1.2.2 Schrägbild 26
- 1.2.3 Herauszeichnen von Einzelteilen 28
- 1.2.4 Zusammenstellung aus Einzelteilen 32

1.3 Grundlagen des Schaltungszeichnens 33

- 1.3.1 Schaltzeichen 33
- 1.3.2 Ergänzen von Stromlaufplänen in zusammenhängender Darstellung 34
- 1.3.3 Übersichtsschaltplan oder Installationsplan aus Stromlaufplan in zusammenhängender Darstellung . . . 38
- 1.3.4 Stromlaufplan in zusammenhängender Darstellung aus Übersichtsschaltplan oder aus Installationsplan 40
- 1.3.5 Stromlaufplan in aufgelöster Darstellung aus Stromlaufplan in zusammenhängender Darstellung 42
- 1.3.6 Stromlaufplan in zusammenhängender Darstellung aus Stromlaufplan in aufgelöster Darstellung 44
- 1.3.7 Ergänzen von Stromlaufplänen in aufgelöster Darstellung 46
- 1.3.8 Stromlaufplan in aufgelöster Darstellung aus Beschreibung 50
- 1.3.9 Beschreiben des Schaltvorgangs 52
- 1.3.10 Herauszeichnen aus Schaltplänen 54
- 1.3.11 Verdrahtungsplan aus Stromlaufplan in zusammenhängender Darstellung . . . 58
- 1.3.12 Stromlaufplan in zusammenhängender Darstellung aus Verdrahtungsplan 60

1. Grundstufe Elektrotechnik
1.1. Grundlagen des technischen Zeichnens
1.1.1. Normschriften und Linienarten

1. Nehmen Sie ein kariertes Zeichenblatt im Hochformat und tragen Sie nach **Bild 5/1** Neigungslinien unter 75° ein (z. B. 4 Kästchen nach unten, 1 Kästchen nach links)! Tragen Sie in die Zeilen (Bild 5/1) die folgenden Texte mit einem Bleistift HB (Nr. 2) 5 mm hoch ein! Wiederholen Sie die Texte in jeder Zeile, bis sie dreimal nacheinander gelingen!

   1. Zeile: Ihren Familiennamen in Großbuchstaben;
   2. Zeile: Ihren Familiennamen, nur den Anfangsbuchstaben mit Großbuchstaben;
   3. Zeile: Ihren Vornamen und Ihren Familiennamen;
   4. Zeile: Ihren Wohnort mit Postleitzahl;
   5. Zeile: Ihren Geburtstag mit Zahlen;
   6. Zeile: Ihren Ausbildungsbetrieb.

   Schreiben Sie in gleicher Weise in die nachfolgenden Zeilen die weiteren Worte: Diele; Wohnzimmer; Küche; Arbeitszimmer; Keller; Balkon; Heizung; Bad; Flur; Schlafzimmer; Tochter; Gast; Herd; Waschmaschine; Speicher; Spülmaschine.

2. Nehmen Sie ein Zeichenblatt im Hochformat und tragen Sie zeilenweise die Linien in der Anordnung von **Bild 5/2** ein, bis das Blatt voll ist. Verwenden Sie für die Linien 1 bis 3 einen geeigneten Bleistift (z. B. HB oder Nr. 2), für die Linien 4 bis 6 einen härteren Bleistift (z. B. 2 H)!

3. Tragen Sie auf ein Zeichenblatt im Hochformat mit der Blatteinteilung **Bild 5/4** die sechs Rechtecke nach Bild 5/4 aus den 6 Linienarten ein! Wiederholen Sie das, bis die Seite voll ist! Schraffieren Sie die mit breiten Vollinien gezeichneten Rechtecke unter 45° (Kennzeichnung von Schnitten)! Tragen Sie in die Rechtecke mit den Linien 2 bis 4 je eine Maßlinie und zwei Maßpfeile nach **Bild 5/3** ein (Maßpfeile mit Bleistift HB)! Verwenden Sie stets den Bleistift mit der richtigen Härte!

p1. Ordnen Sie den Schriftproben a) bis e) von **Bild 5/5** die Beurteilungen 1 bis 5 zu!

   1. Unexakte, handschriftartige Schrift; **2.** Kleinbuchstaben zu klein; **3.** ungleiche Neigung; **4.** falsche Buchstabenformen enthaltend; **5.** einwandfreie Normschrift.

a	b	c	d	e

Tafel 5/1   Schräge Normschrift   DIN 16

abcdefghijklmnop
qrstuvwxyzßäöü&
ABCDEFGHIJKLMNOP
QRSTUVWXYZ
1234567890

Höhe der Großbuchstaben =
= Nenngröße der Normschrift = h
Höhe der Kleinbuchstaben = $\frac{5}{7} \cdot h$

Mittlerer Zeilenabstand = $\frac{11}{7} \cdot h$
Strichdicke = $\frac{1}{7} \cdot h$ oder dünner

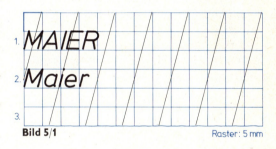

Bild 5/1   Raster: 5 mm

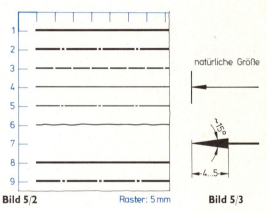

Bild 5/2   Raster: 5 mm   Bild 5/3

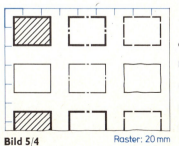

a) Transformator
b) Transformator
c) Transformator
d) Transformator
e) Transformator

Bild 5/4   Raster: 20 mm   Bild 5/5

1.1.2 Geometrische Grundkonstruktionen

Die Grundkonstruktionen werden durch das **Bild 6/2** dargestellt. Die in Kreise gesetzten Ziffern geben dabei jeweils die Reihenfolge der Konstruktionsschritte an.

1. a) Zeichnen Sie das U-Profil nach **Bild 6/1a** auf die obere Hälfte eines Blattes im Hochformat! Ziehen Sie die 45°-Schraffurlinien!
b) Zeichnen Sie auf die untere Hälfte des Blattes das Rohrprofil nach **Bild 6/1b**!
2. Tragen Sie auf einem Blatt im Hochformat ein 180 mm breites und 240 mm hohes Rechteck ab und übertragen Sie darin die Punkte P_1 bis P_9, sowie die Strecken $\overline{AB}$ und $\overline{CD}$ nach **Bild 7/1**! Entnehmen Sie die Maße dem Raster! Ziehen Sie durch die Punkte P_1 bis P_9 bis zu den Rechteckseiten Parallelen a) zur Strecke $\overline{AB}$, b) Parallelen zur Strecke $\overline{CD}$!
3. Ziehen Sie auf ein Blatt im Hochformat etwa 40 mm vom oberen Blattrand entfernt die 110 mm lange waagrechte Strecke $\overline{AB}$! Zeichnen Sie 60 mm unter $\overline{AB}$ die gleich lange parallel verlaufende Strecke $\overline{CD}$,

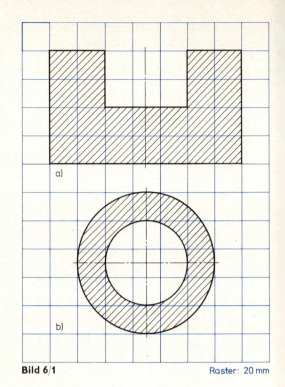

Bild 6/1   Raster: 20 mm

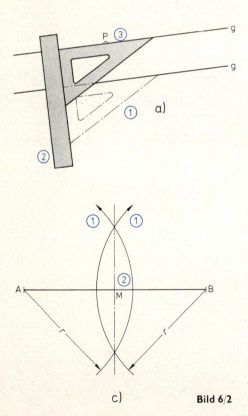

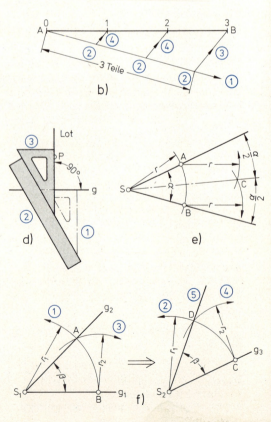

Bild 6/2

sowie parallel dazu die 110 mm lange Strecke $\overline{EF}$ 60 mm unterhalb von $\overline{CD}$! Teilen Sie die Strecke $\overline{AB}$ in 3, $\overline{CD}$ in 5 und $\overline{EF}$ in 7 gleiche Teile!

4. a) Zeichnen Sie auf die obere Hälfte eines Blattes im Hochformat ein 170 mm breites und 115 mm hohes Rechteck und teilen Sie dieses nach **Bild 7/2** in 12 gleiche Teilrechtecke! b) Tragen Sie in der Mitte der unteren Hälfte des Blattes die 100 mm lange waagrechte Strecke $\overline{AB}$ ab! Errichten Sie die Mittelsenkrechte von $\overline{AB}$ und konstruieren Sie das Quadrat, das $\overline{AB}$ zur Diagonalen hat!

5. Zeichnen Sie das Dreieck ABC nach **Bild 7/3** in die Mitte eines Blattes im Querformat! Konstruieren Sie die Mittelsenkrechte von $\overline{AB}$ und die Mittelsenkrechte von $\overline{CB}$, die sich im Punkt M schneiden! Ziehen Sie um M den Kreis, der durch A geht!

6. Zeichnen Sie das Dreieck ABC nach **Bild 7/3** in die Mitte eines Blattes im Querformat! Konstruieren Sie die Winkelhalbierenden der Winkel α und β! Die Winkelhalbierenden schneiden sich im Punkt P. Fällen Sie von P das Lot auf $\overline{AB}$, das diese Seite in D schneidet! Ziehen Sie den Kreis um P durch D!

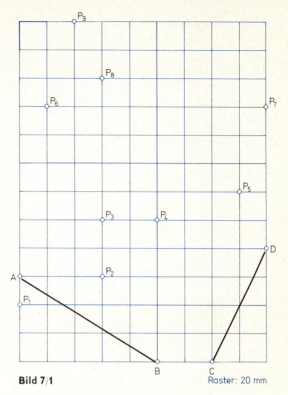

Bild 7/1   Raster: 20 mm

p1. Ordnen Sie den Teilbildern a) bis f) von **Bild 6/2** die Grundkonstruktionen zu!

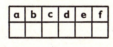

1. Errichten der Mittelsenkrechten; **2.** Teilen einer Strecke; **3.** Fällen eines Lotes; **4.** Ziehen einer Parallelen; **5.** Übertragen eines Winkels; **6.** Halbieren eines Winkels.

p2. Wo liegt der Mittelpunkt des Kreises, der durch die 3 Ecken eines beliebigen Dreiecks geht?

1. Schnittpunkt der Winkelhalbierenden; **2.** Schnittpunkt der Seitenhalbierenden; **3.** in der Ecke mit dem größten Dreieckswinkel; **4.** Schnittpunkt der Mittellote; **5.** Schnittpunkt der Höhen des Dreiecks.

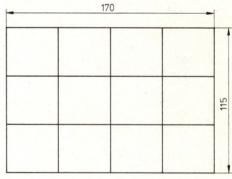

Bild 7/2

p3. Welche Eigenschaft hat der Schnittpunkt der Winkelhalbierenden eines beliebigen Dreiecks?

1. Teilt die Winkelhalbierenden im Verhältnis 2:1; **2.** teilt die Winkelhalbierenden im Verhältnis 3:1; **3.** liegt am nächsten der Ecke mit dem kleinsten Dreieckswinkel; **4.** Mittelpunkt des Kreises, der durch die drei Ecken des Dreiecks geht; **5.** Mittelpunkt des Kreises, der die Dreiecksseiten von innen berührt.

p4. Welchen Innenwinkel bilden zwei Seiten eines regelmäßigen Sechsecks an einer Ecke miteinander?

1. 45°; **2.** 60°; **3.** 90°; **4.** 120°; **5.** 180°

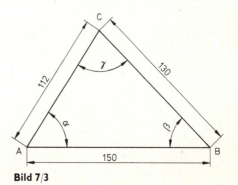

Bild 7/3

1.1.3 Bemaßung flacher Körper

Maßstäbe

1. Teilen Sie ein Blatt im Querformat in Spalten wie in **Bild 8/1** ein, und tragen Sie je Zeile die folgenden Streckendarstellungen mit den vollständigen Angaben ein!
   1. Zeichnungslänge 15 mm, Maßstab 2:1;
   2. Zeichnungslänge 12,5 mm, wirkliche Länge 62,5 mm; 3. Zeichnungslänge 50 mm, wirkliche Länge 10 mm; 4. Zeichnungslänge 60 mm, Maßstab 2:1; 5. Maßstab 1:1, wirkliche Länge 25 mm; 6. Maßstab 1:2, wirkliche Länge 125 mm; 7. Zeichnungslänge 60 mm, Maßstab 1:5; 8. Zeichnungslänge 40 mm, wirkliche Länge 400 mm; 9. Maßstab 1:20, wirkliche Länge 1600 mm; 10. Zeichnungslänge 10 mm, wirkliche Länge 500 mm; 11. Maßstab 1:100, wirkliche Länge 7 m; 12. Zeichnungslänge 55 mm, wirkliche Länge 55 m; 13. Maßstab 1:10 000, wirkliche Länge 800 m; 14. Zeichnungslänge 40 mm, Maßstab 1:25 000.

2. Zeichnen Sie auf ein Blatt im Querformat eine Rechteckplatte von 30 mm Breite und 50 mm Höhe, links im Maßstab 2:1, in der Mitte im Maßstab 1:1, rechts im Maßstab 1:2! Tragen Sie bei jeder Abbildung die wirklichen Abmessungen mittels Maßhilfslinien, Maßpfeilen und Maßzahlen ein, geben Sie je die Plattendicke mit 2 mm an und schreiben Sie bei jedem Bild den Maßstab dazu!

Lagebestimmung, Bohrungsdurchmesser

3. Zeichnen Sie im Maßstab 1:1 die Platte **Bild 8/2** aus 2 mm dickem Hartpapier auf ein Blatt im Querformat! Maße sind nötig für Breite, Höhe, Dicke, Abstände der Bohrungsmitten zur linken Bezugsebene, Abstände der Bohrungsmitten zur unteren Bezugsebene, Bohrungsdurchmesser.

4. Zeichnen Sie im Maßstab 1:1 auf ein Blatt im Querformat die Platte nach **Bild 8/2**, jedoch mit einer zusätzlichen Bohrung! Diese hat von der linken Bezugsebene den Abstand 60 mm, von der unteren Bezugsebene den Abstand 35 mm und den Durchmesser 24 mm. Die Platte besteht aus Hartgewebe und ist 2 mm dick.

5. Die Platte **Bild 8/3** gehört zu einem Lautsprechergehäuse. Zeichnen Sie die Platte im Maßstab 1:5 auf ein Blatt im Querformat! Die Bezugsebenen für die Maßeintragung sind links und unten.

6. Eine Lautsprecherbox hat eine Vorderwand nach **Bild 8/3**. Für einen zusätzlichen Hochtonlautsprecher braucht man eine weitere Bohrung. Deren Mitte hat 400 mm Abstand zur linken Bezugsebene und 100 mm Abstand zur unteren Bezugsebene. Der Durchmesser ist 60 mm. Zeichnen Sie die Vorderwand im Maßstab 1:5 auf ein Blatt im Querformat!

7. Zeichnen Sie im Maßstab 2:1 auf ein Blatt im Hochformat die Zwischenlage **Bild 9/1** aus Preßspan von 1 mm Dicke! Geben die Lage der Lochmitten in waagrechter Richtung bezüglich der linken Bezugsebene und in senkrechter Richtung bezüglich der Mittellinie an!

8. Zeichnen Sie im Maßstab 10:1 auf ein Blatt im Hochformat den Deckel **Bild 9/2** aus Aluminium von 0,5 mm Dicke! Bemaßen Sie die Bohrungsmitten von der unteren Bezugsebene und bezüglich der senkrechten Mittellinie!

Bild 8/1   Raster: 10 mm

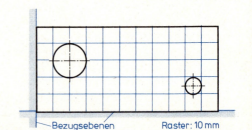

Bild 8/2   Raster: 10 mm

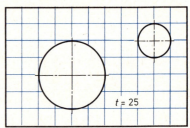

Bild 8/3   Werkstoff: Spanplatte   Raster: 50 mm

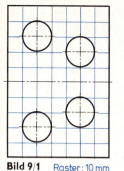
Bild 9/1 Raster: 10 mm

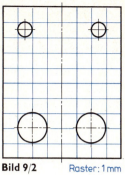
Bild 9/2 Raster: 1 mm

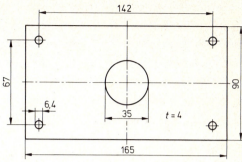
Bild 9/3

9. Von der Abdeckplatte aus Stahlblech, die in **Bild 9/3** bezüglich ihrer beiden Mittellinien bemaßt ist, ist auf ein Blatt im Querformat eine Zeichnung im Maßstab 1 : 1 mit Maßeintragung von zwei Bezugsebenen aus zu machen (fertigungsbezogene Bemaßung).

10. Von der Frontplatte **Bild 9/4** aus Leichtmetall ist auf ein Blatt im Querformat eine Zeichnung im Maßstab 2 : 1 mit Maßeintragung bezüglich Mittellinie statt bezüglich der linken Bezugsebene zu machen.

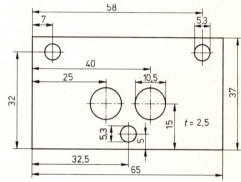

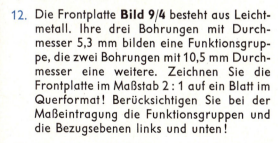
Bild 9/4

11. Die Abdeckplatte **Bild 9/5** aus Stahlblech von 2 mm Dicke wird auf einem Rahmen befestigt. Die Lochmittenabstände sind Maße innerhalb einer Funktionsgruppe und müssen stimmen. Bemaßen sie funktionsbezogen, und zwar von der linken und von der unteren Bezugsebene aus (Querformat, Maßstab 1 : 1)!

12. Die Frontplatte **Bild 9/4** besteht aus Leichtmetall. Ihre drei Bohrungen mit Durchmesser 5,3 mm bilden eine Funktionsgruppe, die zwei Bohrungen mit 10,5 mm Durchmesser eine weitere. Zeichnen Sie die Frontplatte im Maßstab 2 : 1 auf ein Blatt im Querformat! Berücksichtigen Sie bei der Maßeintragung die Funktionsgruppen und die Bezugsebenen links und unten!

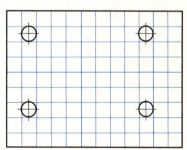
Bild 9/5 Raster: 10 mm

13. Eine Wand **(Bild 9/6)** erhält Dübellöcher: 1 bis 6 für Kabelträger, 7 bis 10 für einen Steuerschrank und 11 bis 14 für einen Trockenschrank. Zeichnen Sie die Wand im Maßstab 1 : 20 auf ein Blatt im Querformat, bezeichnen Sie jedes Dübelloch mit einem Kreuz (x) und tragen Sie die Lagemaße so ein, wie man sie beim Einmessen an der Wand benötigt!

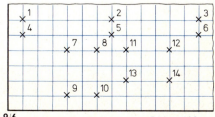
Bild 9/6 Raster: 300 mm

Absätze, Ausschnitte, Vorsprünge

Zeichnen Sie je eines der Werkstücke im Maßstab 1 : 1 auf ein Blatt im Querformat! Geben Sie die Lage aller Ecken der Absätze, Ausschnitte oder Vorsprünge von Unterkante und linker Kante aus an!

14. Unterlage **Bild 10/1**.
15. Distanzstück **Bild 10/2**.
16. Polblech **Bild 10/3**, 0,5 mm dick.
17. Bremsmagnet **Bild 10/4**, 20 mm dick.

Zeichnen Sie je eines der Werkstücke im Maßstab 1 : 1 auf ein Blatt im Querformat! Geben Sie jeweils zuerst die Länge und Breite der Absätze, Ausschnitte oder Vorsprünge an und dann, wo nötig, deren Lage! Die Bezugsebenen sind links und unten.

18. Unterlage **Bild 10/1**.
19. Distanzstück **Bild 10/2**.
20. Polblech **Bild 10/3**, 0,5 mm dick.
21. Bremsmagnet **Bild 10/4**, 20 mm dick.
22. Der Winkel α der Schutzplatte **Bild 10/5** aus Stahlblech beträgt 65°. Erstellen Sie die Zeichnung im Maßstab 1 : 2 auf ein Blatt im Querformat! Die beiden Bohrungen bilden eine Funktionsgruppe. Die Bezugsebenen für die Maßeintragung sind links und unten.
23. Die Trennwand **Bild 10/6** ist aus Hartpapier und hat die Winkel α = 60°, β = 116°. Zeichnen Sie die Trennwand im Maßstab 10 : 1 auf ein Blatt im Querformat!

Flachwerkstücke der Elektrotechnik

24. Zeichnen Sie mit Maßeintragung Kernblech und Jochblech **Bild 10/7** im Maßstab 1 : 1 zusammen auf ein Blatt im Querformat!
25. Die Verbindungslasche **Bild 11/1** besteht aus Kupfer-Zink-Legierung. Verlangt ist die Zeichnung mit den erforderlichen Maßen im Maßstab 5 : 1 auf ein Blatt im Querformat.
26. Zeichnen Sie die Doppellötfahne **Bild 11/2** aus Kupfer-Zink-Legierung mit den erforderlichen Maßen im Maßstab 5 : 1 auf ein Blatt im Querformat!
27. Zeichnen Sie den Flansch **Bild 11/3** aus Hartpapier mit den erforderlichen Maßen im Maßstab 1 : 1 auf ein Blatt im Querformat!

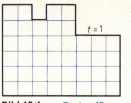

Bild 10/1 Raster: 10 mm

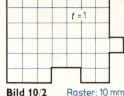

Bild 10/2 Raster: 10 mm

Bild 10/3 Raster: 10 mm

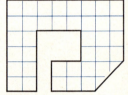

Bild 10/4 Raster: 10 mm

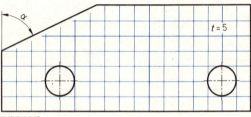

Bild 10/5 Raster: 20 mm

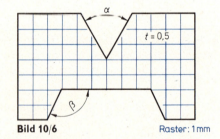

Bild 10/6 Raster: 1 mm

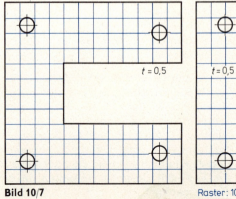

Bild 10/7 Raster: 10 mm

28. Vom Meßwerkmagneten **Bild 11/4** ist die Zeichnung mit Maßeintragung verlangt (Maßstab 2 : 1, Querformat).

29. Die Winkellötfahne **Bild 11/5**, Werkstoff CuZn40 Pb, ist mit den erforderlichen Maßen im Maßstab 10 : 1 auf ein Blatt im Hochformat zu zeichnen.

p1. Welcher Maßstab ist richtig und zweckmäßig, wenn ein 330 mm langer Stab auf ein Blatt DIN A 4 im Querformat gezeichnet werden soll?
   1. Maßstab 2 : 1; **2.** Maßstab 1 : 1; **3.** Maßstab 5 : 1; **4.** Maßstab 1 : 2; **5.** Maßstab 1 : 5.

p2. Das Werkstück **Bild 11/6** ist zu bemaßen. Wieviele Maße sind erforderlich
   a) für die Platte ohne Aussparungen, **b)** für die kleinere Bohrung, **c)** für die größere Bohrung, **d)** für den rechteckigen Durchbruch?

p3. Welches Teilbild von **Bild 11/7** ist richtig bemaßt?

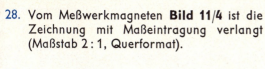
Bild 11/1   Raster: 2 mm

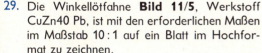
Bild 11/2   Raster: 2 mm

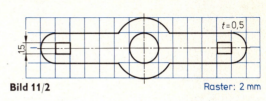

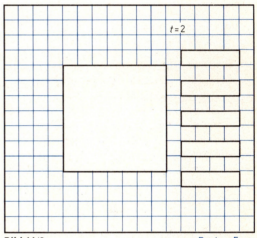
Bild 11/3   Raster: 5 mm

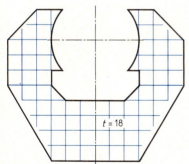
Bild 11/4   Raster: 5 mm

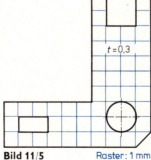
Bild 11/5   Raster: 1 mm

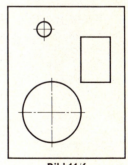
Bild 11/6

 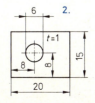 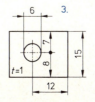 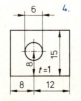 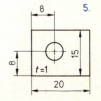

Bild 11/7

1.1.4. Kreisanschlüsse

1. Zeichnen Sie im Maßstab 1 : 1 auf ein Blatt im Querformat a) links auf dem Blatt: Kühlblech 60 mm breit, 80 mm lang, 2 mm dick, die Ecken mit R = 10 mm gerundet;
b) rechts auf dem Blatt: Bodenplatte 80 mm × 100 mm × 3 mm. Die Ecken sind mit R = 30 mm gerundet.

2. Zeichnen Sie mit vollständiger Maßeintragung die Platten nach **Bild 12/1** und **Bild 12/2** im Maßstab 1 : 1 zusammen auf ein Blatt im Querformat! Runden Sie sämtliche äußeren und inneren Ecken mit dem Rundungshalbmesser R = 10 mm!

3. Zeichnen Sie auf ein Blatt im Querformat die 3 mm dicken Platten nach **Bild 12/3** und **Bild 12/4** jeweils im Maßstab 1 : 1! Die Ecken mit spitzem Winkel sind mit $R_1 = 10$ mm gerundet. Die Ecken mit stumpfem oder rechtem Winkel sind mit $R_2 = 20$ mm gerundet.

4. Der Befestigungsflansch **Bild 12/5** für einen Kleinmotor soll so an den Ecken abgerundet werden, daß jeweils der Rundungskreis und die Bohrung für die Befestigungsschrauben den selben Mittelpunkt haben. Zeichnen Sie den Flansch im Maßstab 2 : 1 auf ein Blatt im Hochformat!

5. Der Flansch eines Leistungstransistors paßt in die Form einer Raute und hat Bohrungen nach **Bild 12/6**. Bei den spitzen Winkeln der Raute beträgt der Rundungshalbmesser 4 mm. Der Rundungshalbmesser bei den stumpfen Winkeln ist 10 mm. Zeichnen Sie den Flansch im Maßstab 5 : 1 auf ein Blatt im Hochformat! Die Maßeintragung darf keine Überbestimmung aufweisen, muß aber Länge und Breite des gerundeten Flansches enthalten.

6. Zeichnen Sie im Maßstab 1 : 1 auf ein Blatt im Querformat den Antrieb nach **Bild 12/7** zu einem Tonbandgerät! Gegeben sind a = 120 mm, D = 120 mm, d = 10 mm. Tragen Sie diese Maße in die Zeichnung ein, außerdem die Maße für die Umschlingungswinkel α und β!

7. Zeichnen Sie im Maßstab 1 : 1 auf ein Blatt im Querformat den Antrieb nach **Bild 12/7** zu einem Tonbandgerät! Gegeben sind D = 125 mm, d = 12 mm, α = 270°.

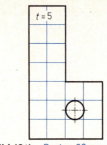

Bild 12/1   Raster: 20 mm

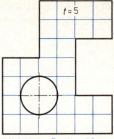

Bild 12/2   Raster: 20 mm

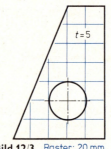

Bild 12/3   Raster: 20 mm

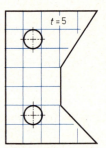

Bild 12/4   Raster: 20 mm

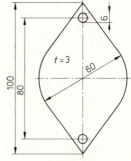

Bild 12/5

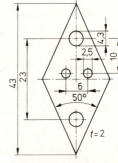

Bild 12/6

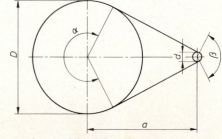

Bild 12/7

Tragen Sie diese Maße in die Zeichnung ein, außerdem die Maße für den Umschlingungswinkel β und den Achsabstand a!

8. Zeichnen Sie die 1 mm dicke, unbedruckte Skalenplatte **Bild 13/1** im Maßstab 1 : 1 auf ein Blatt in Hochformat, den Punkt B in der Nähe des oberen Blattrandes! Legen Sie die Punkte A und C fest und bestimmen Sie den Mittelpunkt des Kreisbogens aus den Punkten A, B und C!

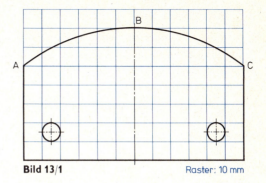

Bild 13/1   Raster: 10 mm

9. Der Kabelschuh **Bild 13/2** besteht aus einer Kupfer-Zink-Legierung und ist 1,5 mm dick. Zeichnen Sie den Kabelschuh im Maßstab 5 : 1 auf ein Blatt in Hochformat! Der Mittelpunkt des Übergangsbogens ist zu konstruieren.

10. **Bild 13/3** zeigt eine Induktionsspule aus Rundkupfer zum Härten mit Hochfrequenz. Zeichnen Sie die Spule im Maßstab 2 : 1 auf ein Blatt in Hochformat!

11. Zeichnen Sie auf ein Blatt in Querformat im Maßstab 1 : 1 den Winkelhebel von **Bild 13/4** aus 2 mm dickem Stahlblech! Von den Kreisbögen an den Hebelenden sind durch das Raster je drei Punkte gegeben. Für die Maßeintragung müssen Sie den Halbmesser der Kreisbögen durch Konstruktion bestimmen.

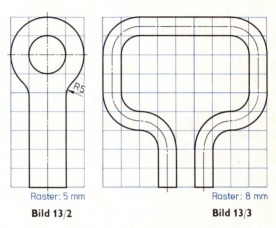

Raster: 5 mm   Raster: 8 mm
Bild 13/2   **Bild 13/3**

12. Das Profil **Bild 13/5** aus einer Leichtmetall-Legierung wird durch Strangpressen hergestellt. Zeichnen Sie das Profil im Maßstab 5 : 1 auf ein Blatt in Hochformat!

13. Zeichnen Sie das Profil einer Dichtung aus Weichgummi **Bild 13/6** im Maßstab 5 : 1 auf ein Blatt in Hochformat!

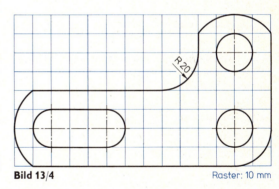

Bild 13/4   Raster: 10 mm

p1. Die Ecke einer Platte wird von
(2) den Geraden g_1 und g_2 gebildet. Wo liegt der Mittelpunkt des Rundungskreises, der diese Ecke mit dem Halbmesser R abrundet?

    1. In der Ecke; **2.** Parallele zu g_1 im Abstand R; **3.** Parallele zu g_2 im Abstand R; **4.** Senkrechte zu g_1 im Abstand R von der Ecke; **5.** Senkrechte zu g_2 im Abstand R von der Ecke.

p2. Auf welchen Geraden liegt der
(2) Mittelpunkt des Kreisbogens, der durch die Punkte A, B und C von **Bild 13/1** geht?

    1. Senkrechte auf der Sehne $\overline{AB}$ durch den Punkt A; **2.** Senkrechte auf der Sehne $\overline{AC}$ durch den Punkt C; **3.** Sehne $\overline{AC}$; **4.** Mittelsenkrechte der Sehne $\overline{AC}$; **5.** Mittelsenkrechte der Sehne $\overline{BC}$.

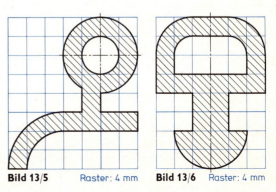

Bild 13/5   Raster: 4 mm   **Bild 13/6**   Raster: 4 mm

1.1.5 Ansichten von Körpern
1.1.5.1 Ansichten aus Schrägbildern

Zeichnen Sie die folgenden Werkstücke im Maßstab 1:1 und in dem angegebenen Format! Bemaßen Sie normgerecht!

1. Anschlag aus Stahl **Bild 14/1** in Vorderansicht, Draufsicht, Seitenansicht von links, Seitenansicht von rechts, Untersicht und Rückansicht (im Hochformat).
2. Profilstück aus Leichtmetall **Bild 14/2**. Verlangt: Vorderansicht (Ansicht von Y), dazu Draufsicht und Seitenansicht von links im Hochformat.
3. Führungsleiste aus Isolierstoff **Bild 14/3**. Verlangt: Vorderansicht, Draufsicht und Seitenansicht von links (Hochformat).
4. Distanzstück aus Kupfer **Bild 14/4**. Erforderlich: Vorderansicht, Draufsicht, Seitenansicht von links im Hochformat. Als Vorderansicht ist die Seite mit dem größten Informationsgehalt zu verwenden.

Zeichnen Sie die nachfolgenden Werkstücke im Maßstab 1:1 in den verlangten Ansichten! Entnehmen Sie die Abmessungen aus dem Raster und bemaßen Sie die Teile normgerecht!

5. Gleichschenkliger Winkelstahl **Bild 14/5**. Verlangt: Vorderansicht und Draufsicht im Hochformat.
6. Ungleichschenkliger Winkelstahl **Bild 14/6**. Verlangt im Hochformat: Vorderansicht und Draufsicht.
7. T-Profil **Bild 14/7**. Verlangt: Vorderansicht und Draufsicht (Hochformat).
8. I-Profil (Doppel-T) **Bild 14/8**. Verlangt: Vorderansicht und Draufsicht (Hochformat).
9. Schaltnocken an einer Werkzeugmaschine **Bild 15/1**. Verlangt: Vorderansicht, Draufsicht und Seitenansicht von links (Hochformat).
10. Paßstück mit Schräge **Bild 15/2**. Verlangt: Ansicht von X als Vorderansicht, Draufsicht und Seitenansicht von links (Hochformat).
11. Führung aus Stahl mit Absatz und Schräge **Bild 15/3**. Verlangt: Vorderansicht, Draufsicht und Seitenansicht von rechts (Hochformat).
12. Stütze aus Leichtmetall mit Ansatz und Schräge **Bild 15/4**. Verlangt im Querformat: Vorderansicht, Draufsicht und Seitenansicht von rechts.

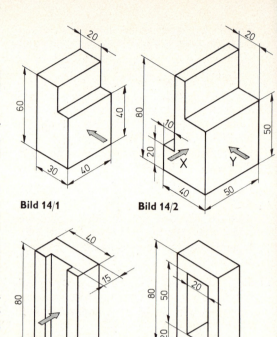

Bild 14/1   Bild 14/2

Bild 14/3   Bild 14/4

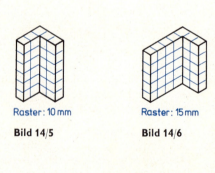

Raster: 10 mm   Raster: 15 mm
Bild 14/5   Bild 14/6

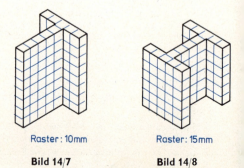

Raster: 10 mm   Raster: 15 mm
Bild 14/7   Bild 14/8

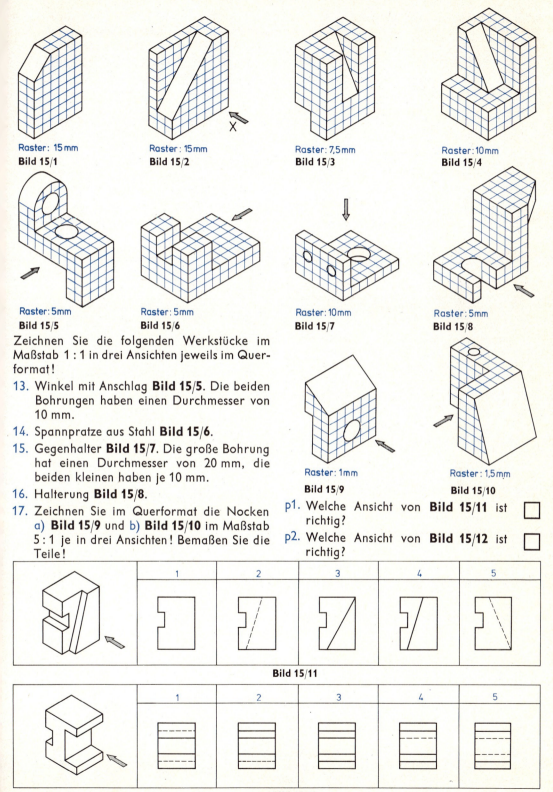

Raster: 15 mm
Bild 15/1

Raster: 15 mm
Bild 15/2

Raster: 7,5 mm
Bild 15/3

Raster: 10 mm
Bild 15/4

Raster: 5 mm
Bild 15/5

Raster: 5 mm
Bild 15/6

Raster: 10 mm
Bild 15/7

Raster: 5 mm
Bild 15/8

Zeichnen Sie die folgenden Werkstücke im Maßstab 1:1 in drei Ansichten jeweils im Querformat!

13. Winkel mit Anschlag **Bild 15/5**. Die beiden Bohrungen haben einen Durchmesser von 10 mm.
14. Spannpratze aus Stahl **Bild 15/6**.
15. Gegenhalter **Bild 15/7**. Die große Bohrung hat einen Durchmesser von 20 mm, die beiden kleinen haben je 10 mm.
16. Halterung **Bild 15/8**.
17. Zeichnen Sie im Querformat die Nocken
    a) **Bild 15/9** und b) **Bild 15/10** im Maßstab 5:1 je in drei Ansichten! Bemaßen Sie die Teile!

Raster: 1 mm
Bild 15/9

Raster: 1,5 mm
Bild 15/10

p1. Welche Ansicht von **Bild 15/11** ist richtig?

p2. Welche Ansicht von **Bild 15/12** ist richtig?

Bild 15/11

Bild 15/12

1.1.5.2 Ergänzen von Ansichten

Zeichnen Sie im Maßstab 1:1 mit allen erforderlichen Maßen die Werkstücke der Aufgaben 1 bis 6 einschließlich der fehlenden Ansichten!

1. Ungleichschenkliger Winkelstahl **Bild 16/1**
2. Paßstück **Bild 16/2**.
3. Führungsleiste **Bild 16/3**.
4. Anschlagstück **Bild 16/4**.
5. Führungsteil mit Nut und Feder **Bild 16/5**.
6. Anschlag für Endtaster **Bild 16/6**.
7. Nocken **Bild 16/7**.
p1. Ordnen Sie den Vorderansichten a) bis e) von **Bild 16/8** die möglichen Draufsichten von 1 bis 5 zu!

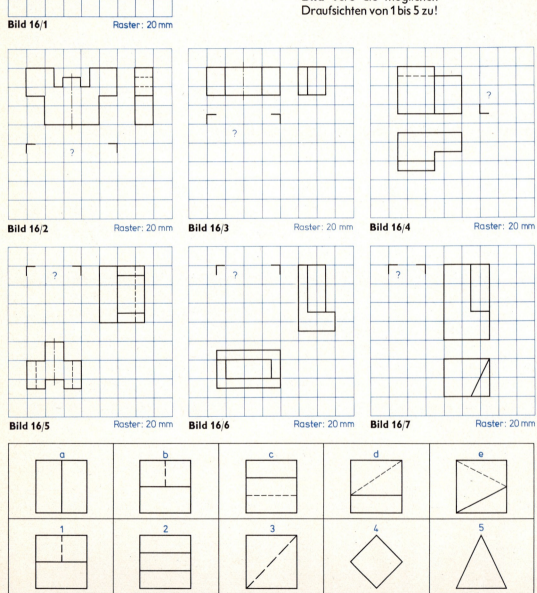

1.1.6 Drehteile

Zeichnen Sie die Drehteile der Aufgaben 1 bis 4 in den erforderlichen Ansichten im Maßstab 1 : 1 jeweils auf ein Blatt im Querformat mit allen erforderlichen Maßen!

1. Zapfen **Bild 17/1** aus Aluminium.
2. Welle **Bild 17/2** aus Stahl.
3. Führungsrolle **Bild 17/3**.
4. Stufenwelle **Bild 17/4**.

Zeichnen Sie die Drehteile der Aufgaben 5 bis 8 mit den jeweils erforderlichen Ansichten! Bemaßen Sie die Teile normgerecht! Maße, die aus dem Raster nicht hervorgehen, sind zweckentsprechend zu wählen.

5. Fließpreßteil aus Stahl **Bild 17/5** im Querformat, Maßstab 10 : 1.
6. Drehteil mit Kegel **Bild 17/6** im Querformat, M 1 : 1.
7. Bolzen mit Vierkant **Bild 17/7** auf ein Blatt im Querformat im Maßstab 2 : 1.
8. Drehteil mit Kegel und Vierkant **Bild 17/8** im Querformat, M 5 : 1.

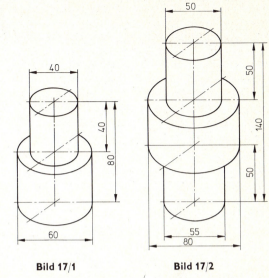

Bild 17/1   **Bild 17/2**

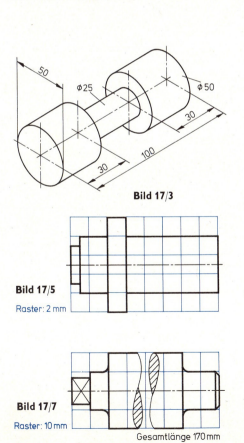

Bild 17/3   **Bild 17/4**

Bild 17/5
Raster: 2 mm

Bild 17/6
Raster: 20 mm
Gesamtlänge 160 mm

Bild 17/7
Raster: 10 mm
Gesamtlänge 170 mm

Bild 17/8
Raster: 4 mm

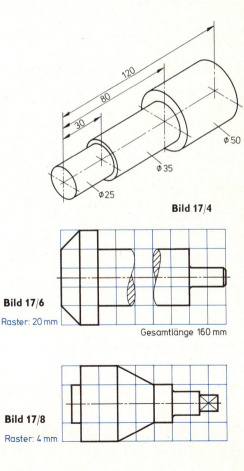

1.1.7 Schnitte, Bohrungen

Maße an unsichtbaren Kanten sind nach DIN 406/2 unerwünscht. Zeichnen Sie von den nachfolgenden Drehteilen (Aufgaben 1 bis 6) die verlangten Schnitte mit waagrechter Längsachse im Maßstab 1:1 auf ein Blatt im Querformat! Tragen Sie die Maße ein!

1. Spulenkörper **Bild 18/1** im Vollschnitt.
2. Hülse **Bild 18/2** im Vollschnitt.
3. Spulenkörper **Bild 18/3** im Halbschnitt.
4. Hülse **Bild 18/2** im Halbschnitt.
5. Hohlwelle **Bild 18/3** im Vollschnitt.
6. Hohlwelle **Bild 18/3** im Halbschnitt.
7. Zeichnen Sie vom Führungsstück aus Zink **(Bild 18/4)** auf Querformat im Maßstab 5:1 die Vorderansicht und die Seitenansicht im Vollschnitt! Tragen Sie die Maße ein!
8. Zeichnen Sie vom Führungsstück aus Zink **(Bild 18/4)** auf Querformat im Maßstab 5:1 die Vorderansicht und die Seitenansicht im Halbschnitt! Tragen Sie die Maße ein!
9. Die Leiste **Bild 18/5** besteht aus Hartpapier. Erstellen Sie auf Querformat im Maßstab 2:1 die Zeichnung mit Vorderansicht im Schnitt, Seitenansicht und mit den nötigen Maßen!
10. Erstellen Sie von der Halteschiene aus Stahl **(Bild 18/6)** auf ein Blatt im Querformat im Maßstab 1:1 die Zeichnung mit Vorderansicht im Schnitt, Seitenansicht und den nötigen Maßen!

Die Drehteile **Bild 19/1**, **Bild 19/2**, **Bild 19/3** erhalten Bohrungen nach **Bild 19/4**, **Bild 19/5**, **Bild 19/6**. Die Längsachsen der Drehteile stimmen mit den Längsachsen der Bohrungen überein, desgleichen die oberen Stirnseiten in den Bildern der Drehteile mit den oberen Stirnseiten in den Bildern der Bohrungen. Zeichnen Sie jeweils (Aufgaben 11 bis 14) zwei geschnittene Werkstücke auf ein Blatt im Hochformat, Längsachsen senkrecht!

11. a) Oben auf dem Blatt: Träger aus Hartgummi **(Bild 19/1)** mit Bohrung **Bild 19/6**, Maßstab 1:1 im Vollschnitt; b) unten auf dem Blatt: Anschlag aus Stahl **(Bild 19/2)** mit Bohrung **Bild 19/5**, Maßstab 1:1, im Vollschnitt.
12. a) Oben auf dem Blatt: Zapfen **Bild 19/1** aus Aluminium mit Bohrung **Bild 19/4**, Maßstab 1:1 im Vollschnitt; b) unten auf dem Blatt: Hülse **Bild 19/2** aus Stahl mit Bohrung **Bild 19/4**, Maßstab 1:1 im Halbschnitt.

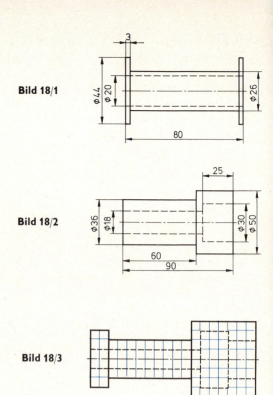

Bild 18/1

Bild 18/2

Bild 18/3

Raster: 8 mm

Bild 18/4

Raster: 2 mm

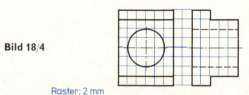

Bild 18/5

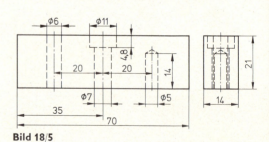

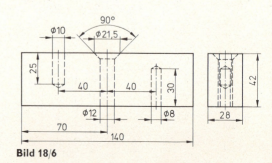

Bild 18/6

13. a) Oben auf dem Blatt: Zapfen **Bild 19/1** aus Aluminium mit Bohrung **Bild 19/4**, Maßstab 1 : 1 im Halbschnitt; b) unten auf dem Blatt: Hülse **Bild 19/2** aus Stahl mit Bohrung **Bild 19/6** im Halbschnitt.

14. a) Oben auf dem Blatt: Zentrierteil **Bild 19/3** aus Aluminium mit Bohrung **Bild 19/4**, Maßstab 1 : 2,5 im Halbschnitt; b) unten auf dem Blatt: Stütze **Bild 19/3** aus Stahl mit Bohrung **Bild 19/6**, Maßstab 1 : 2,5 in Vorderansicht, Bohrung durch Teilschnitt sichtbar gemacht.

15. Die Zentrierplatte aus Stahl nach **Bild 19/7** erhält Bohrungen nach **Bild 19/4** und **Bild 19/5**. Zeichnen Sie im Maßstab 1 : 1 die dargestellte Ansicht mit Bohrungen und die Seitenansicht im Schnitt A–B, Querformat! Bohrungen bei b, d nach Bild 19/4, bei a, c, e nach Bild 19/5. Tragen Sie die Maße ein!

16. Die Spannplatte **Bild 19/8** besteht aus Buchenholz. Zeichnen Sie auf Hochformat im Maßstab 1 : 1 die Vorderansicht nach Bild 19/8 und die dazugehörige Draufsicht im Schnitt A–D! Tragen Sie die nötigen Maße ein!

17. Zeichnen Sie die Schalterplatte **Bild 19/9** aus Steatit in Draufsicht und einem Schnitt, in dem die Maße von Bohrung A, Bohrung B und Bohrung C angegeben werden können (Hochformat, Maßstab 1 : 1)!

18. Zeichnen Sie die Stützplatte aus Thermoplast **(Bild 19/10)** auf ein Blatt im Hochformat mit Vorderansicht und Schnitt A–D, Maßstab 5 : 1!

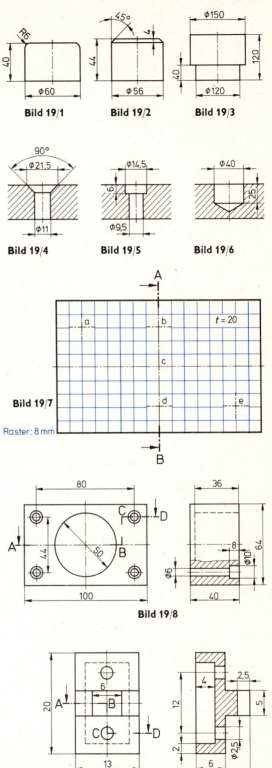

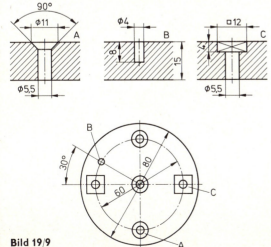

Bild 19/9

Bild 19/10

19. Zeichnen Sie den Stützwinkel **Bild 20/1** aus Leichtmetall auf Hochformat im Maßstab 2 : 1 in Vorderansicht, Draufsicht und Seitenansicht, letztere im Schnitt!

20. Zeichnen Sie den Kontaktträger **Bild 20/2** aus Steatit auf ein Blatt im Querformat im Maßstab 2 : 1 in der dargestellten Vorderansicht und in der Seitenansicht von links im Halbschnitt!

21. Zeichnen Sie vom Winkelstück **Bild 21/1** aus Leichtmetall auf Querformat im Maßstab 1 : 1 die Ansicht von X als Vorderansicht, die Draufsicht und die Seitenansicht von links im Schnitt! Tragen Sie die Maße ein! Eine der Bohrungen C ist in der Vorderansicht im Teilschnitt darzustellen.

22. Zeichnen Sie vom Winkelstück **Bild 21/1** aus Leichtmetall auf Hochformat im Maßstab 1 : 1 die Ansicht von Y als Vorderansicht (geschnitten), dazu die Draufsicht und die Seitenansicht von links! Tragen Sie die Maße ein, die Maße der Bohrungen C an einem Teilschnitt an geeigneter Stelle!

23. Die Schaltstangenführung **Bild 21/2** besteht aus Thermoplast. Zeichnen Sie im Maßstab 5 : 1 auf Hochformat die Ansicht von X als Vorderansicht im Halbschnitt, dazu die Seitenansicht von links im Vollschnitt und die Draufsicht und tragen Sie die Maße ein!

24. Zeichnen Sie die Schaltstangenführung **Bild 21/2** aus Thermoplast auf Hochformat im Maßstab 5 : 1 mit Ansicht von Y als Vorderansicht im Schnitt, dazu die Seitenansicht von links im Halbschnitt und die Draufsicht! Versehen Sie die Zeichnung mit Maßen!

25. Der Klemmenkörper **Bild 21/3** besteht aus Duroplast. Zeichnen Sie im Maßstab 2 : 1 auf Querformat den Längsschnitt durch den Klemmenkörper als Vorderansicht, dazu die Seitenansicht von links und die Draufsicht und tragen Sie die Maße ein!

p1. Welche Darstellung des Drehkörpers in **Bild 20/3** ist normgerecht? ☐

p2. Welche Darstellung des Vierkantstabes mit Längsbohrung und Querstift in **Bild 20/4** ist richtig? ☐

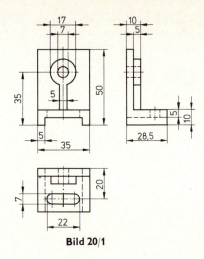

Bild 20/1

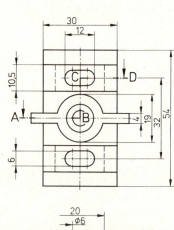

Bild 20/2 — Schnitt A–D

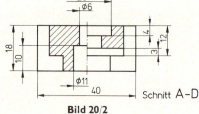

Bild 20/3

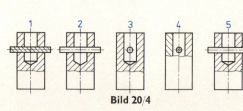

Bild 20/4

p3. Welche Darstellungen des Stehlagers aus Gußeisen in **Bild 21/4** sind richtig?
(2)

p4. Welche Schnittflächen werden auf einer Zeichnung in gleicher Richtung und in gleichem Strichabstand schraffiert?

1. Die von aneinanderstoßenden Werkstücken; 2. keine, jede Schnittfläche muß sich von jeder andern Schnittfläche gut unterscheiden; 3. diejenigen, die zum gleichen Teil gehören, auch wenn dieser in verschiedenen Ansichten dargestellt ist; 4. diejenigen, die dieselbe Werkstoffart darstellen; 5. nur diejenigen, die zum gleichen Teil und zur gleichen Ansicht gehören.

p5. Wo liegt beim Halbschnitt mit waagrechter Mittellinie die geschnittene Hälfte?

1. Nur oberhalb der Mittellinie; 2. nur unterhalb der Mittellinie; 3. beiderseits der Mittellinie; 4. oberhalb oder unterhalb der Mittellinie; 5. bei waagrechter Mittellinie ist kein Halbschnitt möglich.

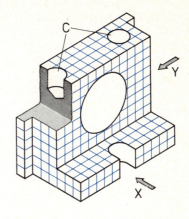

Bild 21/1   Raster: 5 mm

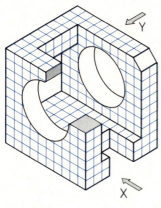

Bild 21/2   Raster: 1 mm

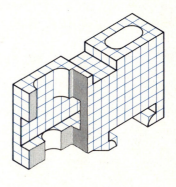

Bild 21/3   Raster: 4 mm

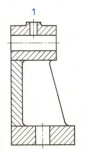   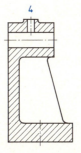 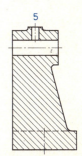

Bild 21/4

1.1.8 Gewinde

1. Zeichnen Sie auf ein Blatt im Hochformat im Maßstab 1 : 1 mit Blatteinteilung **Bild 22/1**
   a) Bolzen mit kegeligem Gewindeende nach Bild 22/1 oben in 2 Ansichten, jedoch mit Gewinde M 20, Gewindelänge 60 mm;
   b) Bolzen mit rundem Gewindeende nach Bild 22/1 Mitte in 2 Ansichten, mit Gewinde M 30, Gewindelänge 50 mm; c) Spindel nach Bild 22/1 unten, jedoch linke Seite mit Gewinde M 22, 30 mm lang, rechte Seite mit Gewinde M 12, 40 mm lang.

2. Zeichnen Sie auf ein Blatt im Hochformat im Maßstab 1 : 1 das Werkstück nach **Bild 22/2** mit den Maßen 160 × 65 × 30 mm in Vorderansicht im Schnitt und in Draufsicht. Bringen Sie von oben im Bohrungsabstand 35 mm von links nach rechts an:
   a) Durchgehende Bohrung ⌀ 12 mm;
   b) Vollbohrung mit durchgehendem Gewinde M 10; c) Sackloch, ⌀ 10 mm, 50 mm tief; d) Sackloch mit Gewinde M 10, Gewindelänge 40 mm, Bohrungstiefe 50 mm;
   e) Sackloch mit Gewinde M 10, 35 mm lang, Bohrungstiefe 45 mm. Bemaßen Sie das Teil vollständig!

3. Zeichnen Sie auf ein Blatt im Hochformat im Maßstab 2 : 1 a) Gewindehülse nach **Bild 22/3** im Schnitt jedoch mit durchgehendem Gewinde M 12; b) Drehteil nach **Bild 22/4** jedoch links mit Innengewinde, M 5, 20 mm lang und am rechten Ende mit Außengewinde M 10, 25 mm lang. Machen Sie die Bohrung durch einen Teilschnitt sichtbar!

4. Zeichnen Sie als Schnittdarstellung im Maßstab 2 : 1 auf ein Blatt im Hochformat a) oben: Die Verschraubung von zwei 10 mm dicken Blechen nach **Bild 23/1** mit 2 Sechskantschrauben, M 6. Die Schrauben werden nicht geschnitten; b) unten: Die Verschraubung eines 80 mm breiten und 15 mm hohen Anschlags mit einer Grundplatte nach **Bild 23/2** mit Hilfe einer Sechskantschraube M 12 (ohne Maßeintragung)!

p1. Welche Linienart verwendet man a) für den Kerndurchmesser von Außengewinden; b) für die Gewinde-Abschlußlinie; c) für den Außendurchmesser eines Außengewindes; d) für den Kerndurchmesser eines Innengewindes im Schnitt; e) für Achsen?
1. Schmale Vollinie;
2. Breite Vollinie;
3. Strichlinie;
4. Strichpunktlinie;
5. Schmale Strichlinie.

a	b	c	d	e

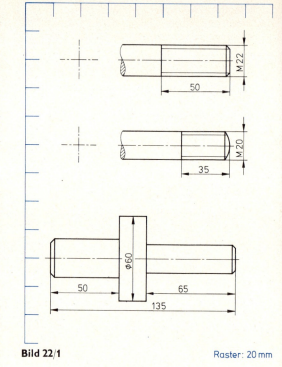

Bild 22/1   Raster: 20 mm

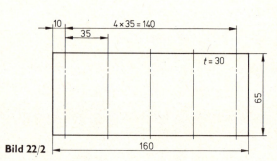

Bild 22/2

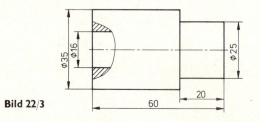

Bild 22/3

Bild 22/4

p2. Ordnen Sie den Teilbildern a bis e von **Bild 23/3** die Gewinde zu!

a	b	c	d	e

  1. Innengewinde; **2.** Außengewinde.

p3. Welche der Verschraubungen von **Bild 23/4** ist richtig dargestellt? ☐

p4. (2) Welche Außengewinde von **Bild 23/5** sind richtig? ☐☐

p5. (2) Welche Gewindedarstellungen von **Bild 23/6** sind richtig? ☐☐

p6. Welche Gewindebemaßung von **Bild 23/7** ist richtig? ☐

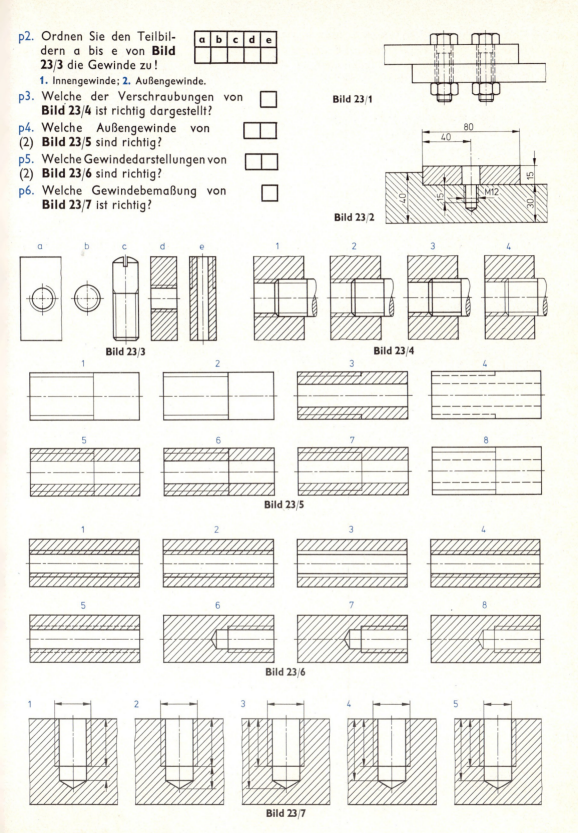

1.1.9 Oberflächenzeichen, Toleranzen

1. Zeichnen Sie im Maßstab 1:1 die Querschnitte von den Führungsschienen nach **Bild 24/1**! Verwenden Sie für die Bemaßung ausschließlich Längenmaße und versehen Sie diese mit der Toleranzangabe ±0,1 mm! Tragen Sie die Oberflächenbeschaffenheit mit folgenden Rauheitsklassen ein! a) Trapezquerschnitt: Unten Rauheitsklasse N 12, links und rechts Rauheitsklasse N 6, oben (Schräge) Rauheitsklasse N 8; b) Fünfeckquerschnitt: Unten Rauheitsklasse N 8, links und rechts nicht materialabtrennend behandelte Oberfläche, oben (Schrägen) Rauheitsklasse N 5.

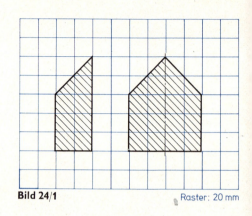

Bild 24/1 Raster: 20 mm

2. Zeichnen Sie im Maßstab 1:1 den Anschlag nach **Bild 24/2**! Tragen Sie die Oberflächenbeschaffenheit mit folgenden Rauheitswerten ein! a) Durchbohrte Flächen und Schrägflächen: Rauheitswert $a = 1,6$ µm; b) Stirnflächen: Rauheitswert $a = 25$ µm; c) Bohrung: Rauheitswert $a = 0,8$ µm. Die Bohrung hat das Größtmaß 40,025 mm und das Kleinstmaß 40,000 mm.

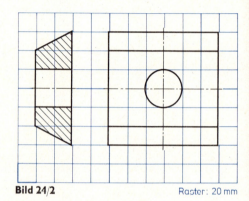

Bild 24/2 Raster: 20 mm

3. Zeichnen Sie auf ein Blatt im Querformat im Maßstab 1:1 die Walze **Bild 24/3** aus Stahl! Tragen Sie die nötigen Maße und Angaben der Oberflächenbeschaffenheit ein! Der zylindrische Teil hat für den Durchmesser das Nennmaß 40 mm und für die Länge das Nennmaß 130 mm. Die zugehörigen Abmaße sind je +0,2 mm und −0,2 mm. Der Zylindermantel hat eine materialabtrennend behandelte Oberfläche der Rauheitsklasse N 6. Die übrigen Oberflächen sind materialabtrennend behandelt und haben die Rauheitsklasse N 12.

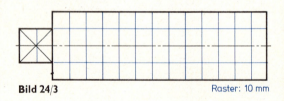

Bild 24/3 Raster: 10 mm

p1.
(2) Der Gewindebolzen **Bild 24/4** paßt in die Rolle **Bild 24/5**. Welche der nachfolgenden Aussagen sind richtig?

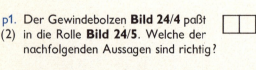

1. Das Spiel beträgt höchstens 0,3 mm; 2. das Spiel beträgt wenigstens 0,2 mm; 3. die Bohrung der Rolle hat ein unteres Abmaß von +0,3 mm; 4. die Bohrung der Rolle hat ein unteres Abmaß von +0,1 mm; 5. die Bohrung der Rolle hat eine Toleranz von 0,3 mm.

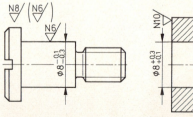

Bild 24/4 **Bild 24/5**

1.2 Anwendung des technischen Zeichnens

1.2.1 Ansichten aus Beschreibung

1. Ein Flachstahl 60 mm × 20 mm × 120 mm soll am linken Ende so angefräst werden, daß in der Mitte der Stirnfläche ein 55 mm langer Ansatz mit dem Querschnitt 20 mm × 20 mm entsteht.
   Gesucht: Darstellung im Querformat in 2 Ansichten mit allen Maßen im Maßstab 1 : 1.

2. In ein Stahlstück mit den Maßen 30 mm × × 60 mm × 140 mm wird in der Mitte der linken Fläche (30 mm × 60 mm) quer zur Seite 60 mm ein 20 mm breiter und 50 mm tiefer Schlitz gefräst.
   Gesucht: Darstellung in 2 Ansichten mit allen Maßen (Querformat, M 1 : 1).

3. An einen Flachstahl von 60 mm × 60 mm, 110 mm lang, soll am linken Ende der Stirnfläche ein Vierkant von 30 mm × × 30 mm Querschnitt und 40 mm Länge so angefräst werden, daß auf allen 4 Seiten ein gleich breiter Absatz entsteht.
   Gesucht: Darstellung in 2 Ansichten mit allen Maßen im Maßstab 1 : 1 (Querformat).

4. Ein U-Profil, 65 mm lang, 30 mm breit, 60 mm hoch, 5 mm Stegbreite, soll am linken Schenkel auf die ganze Länge 10 mm tief abgefräst werden. Der rechte Schenkel soll auf beiden Seiten einen Absatz von 20 mm Länge und 20 mm Tiefe erhalten.
   Gesucht: Darstellung in 3 Ansichten im Querformat mit allen Maßen (Maßstab 1 : 1).

5. Ein Drehteil, $\phi = 40$ mm, 160 mm lang, soll auf $\phi = 30$ mm so abgedreht werden, daß am linken Ende ein 5 mm breiter Bund stehen bleibt.
   Gesucht: Darstellung im Querformat mit allen Maßen (Maßstab 1 : 1).

6. Ein Drehteil mit dem $\phi = 40$ mm, 160 mm lang, ist auf $\phi = 30$ mm so abgedreht, daß links ein 5-mm-Bund stehen bleibt. An diesem Teil sollen noch folgende Arbeitsgänge vorgenommen werden: Am linken Ende Bohrung $\phi = 20$ mm, 40 mm tief; am rechten Ende Zapfen $\phi = 20$ mm, 50 mm lang.
   Gesucht: Darstellung im Querformat mit allen erforderlichen Maßen (Maßstab 1 : 1).

7. Ein Drehteil, $\phi = 50$ mm, 180 mm lang, soll am linken Ende einen quadratischen zentrischen Zapfen, 20 mm × 20 mm, 40 mm lang, erhalten. Am rechten Ende soll im Abstand von 40 mm von der Stirnfläche eine 5 mm breite Nut 5 mm tief eingestochen werden.
   Gesucht: Darstellung mit allen erforderlichen Maßen (Maßstab 1 : 1).

8. Eine rechteckige Platte 80 mm × 60 mm, 15 mm dick, soll in der Mitte eine Bohrung von $\phi = 20$ mm erhalten. An allen 4 Ecken der Platte ist im Abstand von jeweils 15 mm von den Plattenkanten eine 10-mm-Bohrung angebracht, die mit einem Zapfensenker $\phi = 15$ mm 5 mm tief angesenkt werden soll. Die vier Ecken der Platte sind mit R = 10 mm abzurunden.
   Gesucht: Darstellung in 2 Ansichten (Vorderansicht und Seitenansicht von links im Schnitt) mit allen Maßen (Maßstab 1 : 1).

9. Eine 15 mm dicke Platte 80 mm × 60 mm erhält in der Mitte senkrecht zur Plattenoberfläche einen quadratischen Durchbruch von 15 mm × 20 mm. An allen 4 Ecken der Platte ist in 15-mm-Abstand von den Plattenkanten jeweils eine Bohrung, $\phi = 10$ mm, angebracht. Außerdem sind an den beiden Längsseiten zwischen den bereits gefertigten Bohrungen in gleichen Abständen jeweils 3 weitere Bohrungen mit $\phi = 5$ mm angebracht.
   Verlangt: Darstellung in allen erforderlichen Ansichten (Schnitt) und Bemaßung (Maßstab 1 : 1).

10. Ein Flachstahl mit dem Querschnitt 50 mm × 3 mm wurde an 2 Stellen senkrecht zur Längsachse gebogen, so daß ein U entstand. Der Biegeradius beträgt 2 mm. Die Schenkellängen messen 60 mm, die äußere Rückenbreite 45 mm. Die vier Ecken an den Schenkelenden sind mit 5 mm Radius gerundet. Jeder Schenkel besitzt in seiner Mittelachse, 32 mm vom Rücken entfernt, eine Bohrung von 11 mm. Diese ist von außen her 1 mm tief mit 90° angesenkt. Der Rücken besitzt 2 Bohrungen von 4,5 mm ϕ. Ihr Abstand beträgt 15 mm vom Rückenmittelpunkt. Sie liegen auf einer Achse, die durch den Rückenmittelpunkt geht und parallel zur Rückenlänge verläuft.
    Gesucht: Darstellung in allen erforderlichen Ansichten mit Bemaßung (Maßstab 1 : 1).

1.2.2 Schrägbild

1. Zeichnen Sie in die Mitte eines Blattes im Hochformat den Körper **Bild 26/1**, jedoch in rechtwinkliger Parallelprojektion (unter 45°, nach hinten gehende Strecken um die Hälfte verkürzt, entsprechend **Bild 26/2**), jedoch ohne jede Maßeintragung!

2. Skizzieren Sie auf ein Blatt im Hochformat den Körper **Bild 26/2**, jedoch als Isometrie (Strecken unverkürzt je unter 30° gezeichnet entsprechend Bild 26/1)! Es ist keine Maßeintragung erforderlich.

3. Zeichnen Sie vom U-Kern **Bild 26/3** das Schrägbild in rechtwinkliger Parallelprojektion (entsprechend Bild 26/2, ohne Maßeintragung) auf ein Blatt im Hochformat!

4. Vom U-Kern **Bild 26/3** ist auf ein Blatt im Hochformat die Isometrie (entsprechend Bild 26/1, ohne Maße) zu zeichnen.

5. Vom Körper nach **Bild 26/4** ist auf ein Blatt im Hochformat das Schrägbild in rechtwinkliger Parallelprojektion (entsprechend Bild 26/2) zu zeichnen. Maßeintragung ist nicht erforderlich.

6. Von dem Körper mit Schräge nach **Bild 27/1** ist das Schrägbild in rechtwinkliger Parallelprojektion (entsprechend Bild 26/2, ohne Maßeintragung) zu zeichnen. Nehmen Sie dazu ein Blatt im Hochformat!

7. Zeichnen Sie auf ein Blatt im Hochformat den Körper mit Absatz und Schräge **Bild 27/2** in rechtwinkliger Parallelprojektion!

p1. In welchem Verhältnis werden bei Schrägbildern im M 1:1 senkrechte Strecken gezeichnet?
   1. Verhältnis 1:1; **2.** Verhältnis 2:1; **3.** Verhältnis 1:2; **4.** Verhältnis 2:3; **5.** Verhältnis 3:2.

p2. Bei welcher Darstellungsart erscheinen die Winkel in richtiger Größe?
(2)
   1. Darstellung in Ansichten; **2.** Isometrie (Strecken unverkürzt), auf allen Seiten; **3.** rechtwinklige Parallelprojektion, auf allen Seiten; **4.** rechtwinklige Parallelprojektion, auf der Vorderseite; **5.** Isometrie (Strecken unverkürzt), auf der Oberseite.

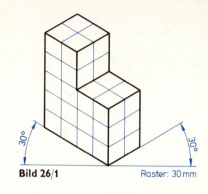

Bild 26/1   Raster: 30 mm

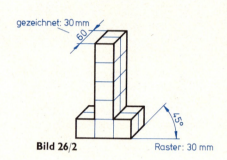

Bild 26/2   Raster: 30 mm

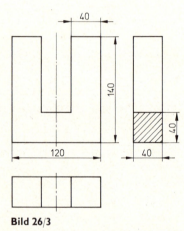

Bild 26/3

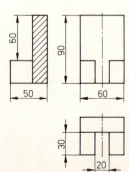

Bild 26/4

p3. Welche Vorteile hat die Verwen-
(2) dung von Schrägbildern mit rechtwinkliger Parallelprojektion im Vergleich
zu der Darstellung in Ansichten?
1. Alle Maße sind direkt aus dem Schrägbild ent-
nehmbar; 2. Es wird auch von Nichtfachleuten ver-
standen; 3. Stets winkelgetreue Abbildung; 4. alle
Kanten sichtbar; 5. größere Anschaulichkeit.

p4. Ordnen Sie den Ansichten a bis e von **Bild 27/3**
das jeweilige Schrägbild
1 bis 5 zu!

a	b	c	d	e

p5. Entscheiden Sie, welche
Schrägbilder 1 bis 5 von
Bild 27/4 zu den Ansich-
ten a bis e gehören!

a	b	c	d	e

p6. Welche der folgenden Aussagen ist
richtig?
Bei der isometrischen Projektion ist das Verhältnis
der Seiten 1. 1:1:1; 2. 1:1:1/2; 3. 1:1:2;
4. 1:1/2:1/2; 5. 1:2:1/2;

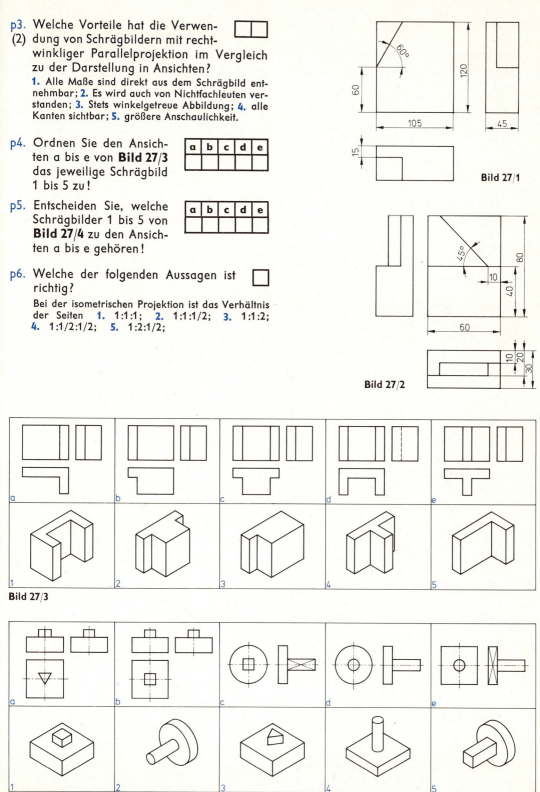

Bild 27/1

Bild 27/2

Bild 27/3

Bild 27/4

27

1.2.3 Herauszeichnen von Einzelteilen

Bei den Aufgaben 1 bis 6 sind Maße, die nicht aus dem Raster hervorgehen, zweckentsprechend zu wählen. Die Durchmesser der Durchgangslöcher für Schrauben können z. B. dem Tabellenbuch Elektrotechnik entnommen werden.

1. Zeichnen Sie im Maßstab 2:1 vom Klemmenbrett **Bild 28/1** die Grundplatte (1) aus Hartpapier und die Lasche (2) aus Cu-Zn-Legierung auf ein Blatt im Querformat nach **Bild 28/2**!

2. Beim Steckelement für Laborversuche (**Bild 28/4**) besteht die Grundplatte (1) aus Hartpapier. Der Steckerstift (2) ist aus CuZn40Pb2 gefertigt und vernickelt. Zeichnen Sie diese Einzelteile im Maßstab 2:1 auf ein Blatt im Querformat nach **Bild 28/3**!

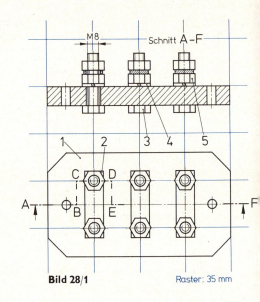

Bild 28/1　　　　　Raster: 35 mm

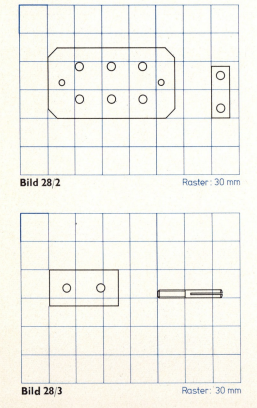

Bild 28/2　　　　　Raster: 30 mm

Bild 28/3　　　　　Raster: 30 mm

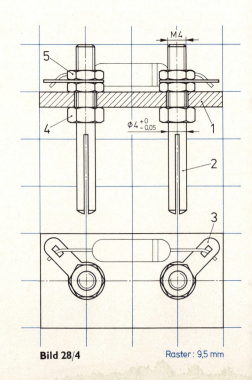

Bild 28/4　　　　　Raster: 9,5 mm

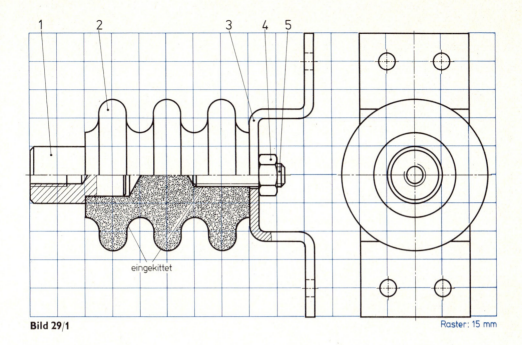

Bild 29/1 Raster: 15 mm

3. Zeichnen Sie im Maßstab 1:1 auf ein Blatt im Hochformat vom Stützisolator **Bild 29/1** a) oben auf dem Blatt: Kopfstück (1) aus CuZn40Pb2 vernickelt (Halbschnitt), b) unten auf dem Blatt: Rillenisolator (2) aus Porzellan (Halbschnitt)!

4. Zeichnen Sie im Maßstab 1:1 vom Stützisolator **Bild 29/1** den Fuß (3) aus Stahl in zwei Ansichten!

5. Die Z-Diode in **Bild 29/2** ist auf eine symmetrische, isoliert befestigte Kühlplatte geschraubt. Zeichnen Sie auf ein Blatt im Querformat a) links auf dem Blatt: Im Maßstab 2:1 Kühlplatte (2) aus Kupfer, b) rechts auf dem Blatt: Im Maßstab 5:1 Zwischentülle (4) aus Polyvinylchlorid im Schnitt!

6. Zeichnen Sie zu der isoliert befestigten Kühlplatte mit Z-Diode **(Bild 29/2)** auf ein Blatt im Querformat im Maßstab 5:1 a) ganz links auf dem Blatt: Tülle (5) aus Polyvinylchlorid im Schnitt, b) in der Mitte auf dem Blatt: Tülle (3) aus Polyvinylchlorid im Schnitt, c) ganz rechts auf dem Blatt: Lötfahne (10) aus Kupfer-Zink Legierung, vernickelt!

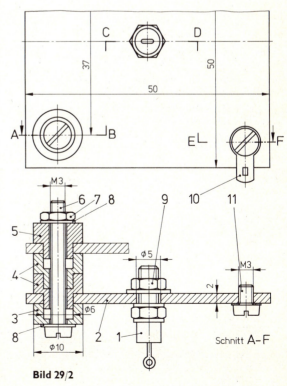

Bild 29/2

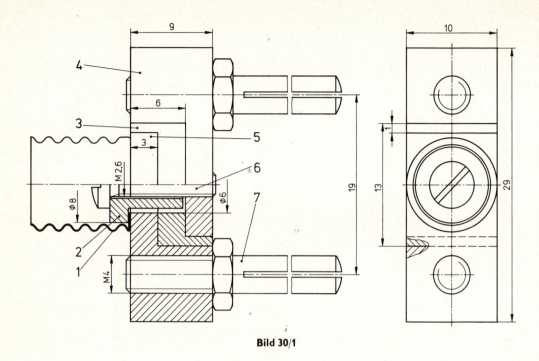

Bild 30/1

7. Zeichnen Sie von der Steckfassung **Bild 30/1** auf ein Blatt im Querformat im Maßstab 5 : 1 a) links auf dem Blatt: Vorderansicht und Seitenansicht in Schnitt von Winkelstück (5) aus CuZn40 Pb2, vernickelt, b) rechts auf dem Blatt: Schnitt von Tülle (2) aus Polyamid! Maße, die nicht im Bild angegeben sind oder nicht errechnet werden können, sind von Ihnen zu wählen.

8. Im Halter für gedruckte Schaltungen **(Bild 31/1)** können gedruckte Schaltungen (Prints) gespannt werden, wenn an ihnen gearbeitet werden muß. Zeichnen Sie auf ein Blatt im Querformat die Einzelteile (4) und (6) in einer Ansicht, (7) in Vorderansicht und Seitenansicht (Maßstab 1 : 1)! Die Maße sind den Angaben der Zusammenstellungszeichnung zu entnehmen oder, wenn dies nicht möglich ist, sinnvoll zu wählen.

9. Zeichnen Sie mit den Maßen nach Angaben der Zusammenstellungszeichnung oder, wenn nötig, mit Maßen nach Ihrer Wahl vom Halter für gedruckte Schaltungen **(Bild 31/1)** auf ein Blatt im Querformat im Maßstab 1 : 1 die Einzelteile (1), (2), (3)! Wählen Sie Art und Zahl der Ansichten selbst!

10. Das Steckbrett für Meßleitungen **(Bild 31/2)** ermöglicht es, einen ganzen Meßleitungssatz an den Meßplatz zu nehmen oder z. B. in einem Schrank unterzubringen. Zeichnen Sie auf ein Blatt im Querformat die Leiste (1) für 20 Meßleitungen mit Schrauben (4) in drei Ansichten! Entnehmen Sie die Maße den Angaben der Zusammenstellungszeichnung! Treffen Sie dort, wo keine Maße vorgegeben sind, zweckentsprechende Entscheide!

p1. Welche Teile der Steckfassung **Bild 30/1** haben direkt metallischen Kontakt miteinander?

1. Der Gewindekorb (1) und die Tülle (2); **2.** das Winkelstück (5) und die Zwischenlage (3); **3.** das Winkelstück (4) und die Schraube (6); **4.** das Winkelstück (4) und das Winkelstück (5); **5.** die Schraube (6) und der Gewindekorb (1).

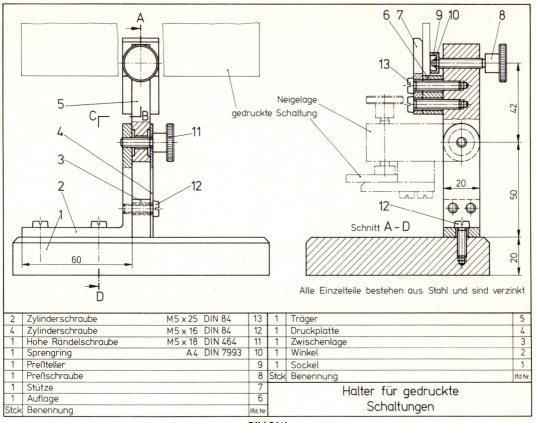

Stck	Benennung		lfd.Nr.
2	Zylinderschraube	M5 x 25 DIN 84	13
4	Zylinderschraube	M5 x 16 DIN 84	12
1	Hohe Rändelschraube	M5 x 18 DIN 464	11
1	Sprengring	A4 DIN 7993	10
1	Preßteller		9
1	Preßschraube		8
1	Stütze		7
1	Auflage		6
1	Träger		5
1	Druckplatte		4
1	Zwischenlage		3
1	Winkel		2
1	Sockel		1
Stck	Benennung		lfd.Nr.

Halter für gedruckte Schaltungen

Bild 31/1

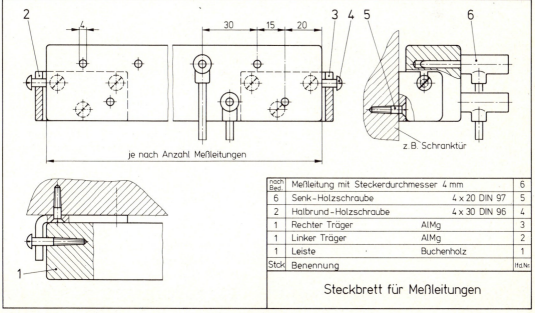

Stck	Benennung		lfd.Nr.
nach Bed.	Meßleitung mit Steckerdurchmesser 4 mm		6
6	Senk-Holzschraube	4 x 20 DIN 97	5
2	Halbrund-Holzschraube	4 x 30 DIN 96	4
1	Rechter Träger	AlMg	3
1	Linker Träger	AlMg	2
1	Leiste	Buchenholz	1
Stck	Benennung		lfd.Nr.

Steckbrett für Meßleitungen

Bild 31/2

1.2.4 Zusammenstellung aus Einzelteilen

Zeichnen Sie von den folgenden Einrichtungen die Zusammenstellungszeichnungen (ohne Maße) im Maßstab 2:1 je auf ein Blatt im Hochformat! Tragen Sie die laufenden Nummern der Einzelteile mit Hinweislinien in die Zusammenstellungszeichnung ein!

1. Drehkurbel bestehend aus Lagerschraube (1) von **Bild 32/2**; Kurbelgriff (2); Kurbelarm (5). (Blatteinteilung nach **Bild 32/1**, Vorderansicht und Schnitt.)

2. Schalterbetätigungshebel bestehend aus Lagerschraube (1) von **Bild 32/2**; Nabe (3); Weichgummiring (4) als Laufrolle; Kurbelarm (5). (Blatteinteilung nach **Bild 32/1**, Vorderansicht und Schnitt.)

3. Stopfbuchse aus den folgenden Teilen (in der Reihenfolge des Zusammenbaues aufgezählt): Hülse (7) von **Bild 32/2**, Scheibe (8); Weichgummiring (4) als Stopfdichtung; Scheibe (8); Hohlschraube (6). (Längsschnitt, Blatt im Querformat.)

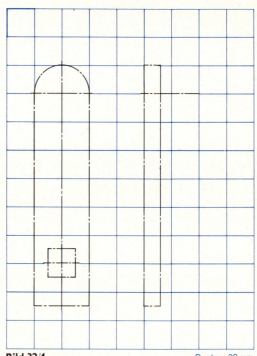

Bild 32/1   Raster: 20 mm

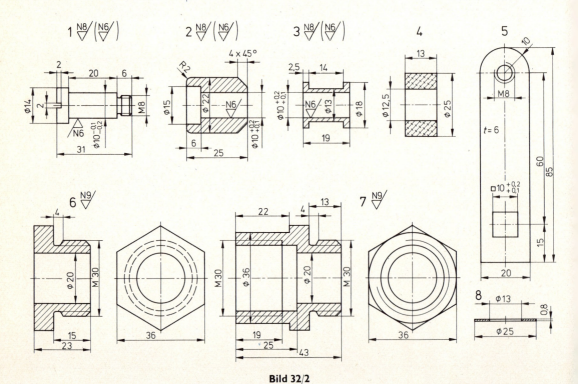

Bild 32/2

1.3 Grundlagen des Schaltungszeichnens

1.3.1 Schaltzeichen

1. Teilen Sie ein Blatt im Hochformat in vier Spalten wie in **Tafel 33/1** ein, und teilen Sie die Höhe in 10 Teile, so daß 40 Felder entstehen! Zeichnen Sie mit Hilfe Ihrer Schablone nacheinander in die 1. und 3. Spalte die Schaltzeichen 1 bis 16 von **Bild 33/1** und die Schaltzeichen 2, 3, 5, 6 von **Bild 33/2** ab, und schreiben Sie die Benennung daneben!

2. Teilen Sie ein Blatt im Hochformat in Spalten wie in **Tafel 33/1** ein und teilen Sie die Höhe in 10 Teile, so daß 40 Felder entstehen! Tragen Sie die folgenden 20 Schaltzeichenbeispiele zusammengesetzt aus den Aufbaugliedern von Tafel 33/1 in die 1. und 3. Spalte ein und schreiben Sie die Benennung daneben!

   1. Veränderbarer Widerstand; 2. veränderbarer Widerstand mit 3 Klemmen (Potentiometer); 3. stetig einstellbarer Widerstand (z. B. Trimmer); 4. Widerstand mit einem Abgriff; 5. Spule mit stufig veränderbarer Windungszahl; 6. Strommesser; 7. HF-Spule mit einem Abgriff; 8. Kondensator mit stetig veränderbarer Kapazität; 9. Batterie mit 12 V Nennspannung; 10. Batterie mit stufig verstellbarer Spannung; 11. Tastschalter mit 1 Schließer; 12. Tastschalter mit 1 Öffner; 13. Tastschalter mit 1 Öffner und 1 Schließer; 14. einpoliger handbetätigter Schalter (nicht zurückgehend); 15. dreipoliger, handbetätigter Schalter; 16. Relais mit 1 Schließer; 17. Schütz mit 3 Schließern; 18. Motor für Wechselstrom; 19. Drehstrommotor; 20. Widerstandsmesser.

3. Ordnen Sie den nicht genormten, aber üblichen Symbolen a) bis e) aus Bild 33/2 die Schaltzeichen 1 bis 0 zu!

4. Ordnen Sie den Schaltzeichen für Installationspläne f bis k aus Bild 33/2 die Schaltzeichen 1 bis 0 zu!

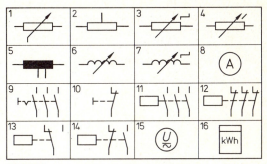

Tafel 33/1 Aufbauglieder von Schaltzeichen

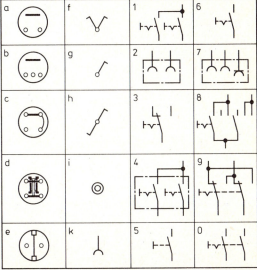

Bild 33/1 Schaltzeichenbeispiele

Bild 33/2 Installationsgeräte

1.3.2 Ergänzen von Stromlaufplänen in zusammenhängender Darstellung

1. Bei den Gegenrufanlagen **Bild 34/1** und **Bild 34/2** können sich die Stationen gegenseitig rufen. Zeichnen Sie die Stromlaufpläne zu a) und b) auf ein Blatt in Hochformat! a) Schaltung nach Bild 34/1. b) In der Schaltung nach Bild 34/2 wird der Ruf zusätzlich durch Lichtsignal angezeigt.

2. Zeichnen Sie die Stromlaufpläne der beiden folgenden Anlagen auf ein Blatt in Hochformat! a) In einem Keller ist eine Deckenleuchte mit Ausschaltung zu installieren **(Bild 34/3)**. b) In einem Bad sollen eine Wandleuchte mit Schalter, eine Deckenleuchte und zwei Schutzkontaktsteckdosen installiert werden **(Bild 34/4)**.

3. Zeichnen Sie die Stromlaufpläne der beiden folgenden Anlagen auf ein Blatt in Hochformat! a) In einem Krankenzimmer kann der Patient an seinem Bett wahlweise eine indirekte Beleuchtung oder eine Leselampe oder die indirekte Beleuchtung und die Leselampe einschalten **(Bild 35/1)**. b) Eine Lampengruppe ist so mit einem Serienschalter und einem Ausschalter zu schalten, daß wahlweise 1, 2, 3 oder 4 Lampen geschaltet werden **(Bild 35/3)**.

4. Zeichnen Sie von den beiden folgenden Rufanlagen die Stromlaufpläne auf ein Blatt in Hochformat! a) Die Patienten können sich in der Arztpraxis **(Bild 35/2)** durch Weckersignal anmelden, wenn sie den Tastschalter S1 drücken und wenn sich der Wechselschalter (Umschalter) S2 in der Stellung „Anmeldung" befindet, so daß die Lampe H2 dauernd leuchtet. Ist der Wechselschalter S2 in der Stellung „Warten", so daß die Lampe H1 leuchtet, dann soll der Wecker auch nicht bei Betätigung von Taster S1 ertönen. b) Zwei Freunde, Markus und Alexander, bauen eine Gegenrufanlage mit Bestätigung **(Bild 35/4)**. Wenn Markus S1 betätigt, sprechen H1 und H4 an. Wenn Alexander nun S2 betätigt, so wird H4 ausgeschaltet, gleichzeitig erlischt bei Markus H1. In gleicher Weise soll Alexander Markus rufen können.

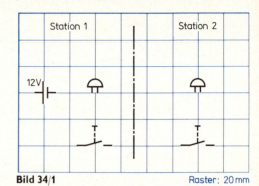

Bild 34/1   Raster: 20 mm

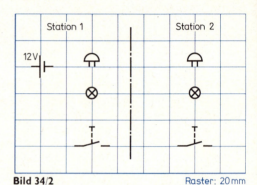

Bild 34/2   Raster: 20 mm

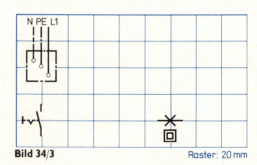

Bild 34/3   Raster: 20 mm

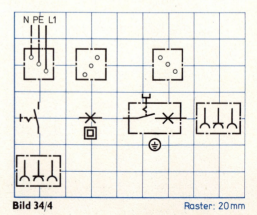

Bild 34/4   Raster: 20 mm

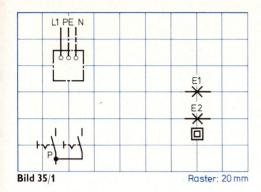
Bild 35/1   Raster: 20 mm

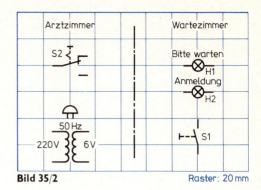
Bild 35/2   Raster: 20 mm

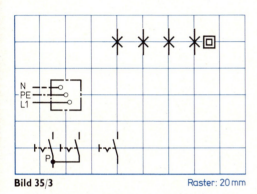
Bild 35/3   Raster: 20 mm

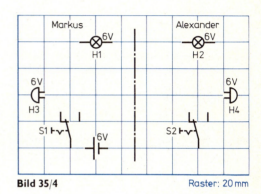
Bild 35/4   Raster: 20 mm

5. Zeichnen Sie den Stromlaufplan der Klingel- und Türöffneranlage eines Dreifamilienhauses **(Bild 35/5)**!

6. In einem Krankenzimmer kann der Patient an seinem Bett wahlweise eine indirekte Beleuchtung oder eine Leselampe oder die indirekte Beleuchtung und die Leselampe einschalten **(Bild 35/1)**. Zusätzlich sollen noch zwei Schutzkontaktsteckdosen installiert werden. Eine davon soll ständig Spannung führen, die andere nur nach Betätigung des Serienschalters für E1. Zeichnen Sie den Stromlaufplan auf ein Blatt in Querformat!

p1. Welche Aussagen treffen für die
(2) rechte Leuchte in **Bild 34/4** zu?

   1. Leuchte ist schutzisoliert; **2.** Leuchte hat Schutzleiteranschluß; **3.** Leuchte mit Druckschalter; **4.** Leuchte mit Zugschalter; **5.** Leuchte mit Kippschalter.

p2. Ordnen Sie die Aderzahlen der Leitungen den Installationsgeräten a) bis e) zu!

a	b	c	d	e

   a) Schutzkontaktsteckdose; **b)** Serienschalter; **c)** Ausschalter; **d)** Leuchte für Ausschaltung; **e)** Leuchte für Serienschaltung.
   1. Eine; **2.** zwei; **3.** drei; **4.** vier; **5.** fünf.

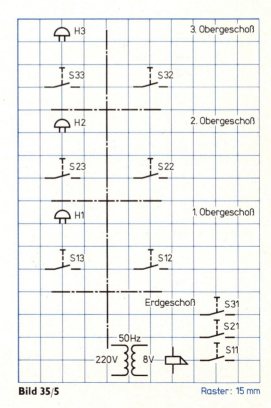
Bild 35/5   Raster: 15 mm

7. Zeichnen Sie die Stromlaufpläne der Meßschaltungen zur indirekten Widerstandsmessung nach folgenden Angaben auf ein Blatt in Hochformat! a) Mit der Meßschaltung **Bild 36/1 oben** soll ein hochohmiger Widerstand gemessen werden. b) Mit der Meßschaltung **Bild 36/1 Mitte** soll ein niederohmiger Widerstand gemessen werden. c) Mit der Meßschaltung **Bild 36/1 unten** sollen durch Betätigung des Wechslers sowohl große als auch kleine Widerstandswerte gemessen werden können.

8. Zeichnen Sie die Stromlaufpläne der Schaltungen zur Meßbereichserweiterung auf ein Blatt in Hochformat! a) Mehrbereich-Spannungsmesser **(Bild 36/2 oben)**, b) Mehrbereich-Strommesser **(Bild 36/2 Mitte)**, c) Ringschaltung für einen Mehrbereich-Strommesser **(Bild 36/2 unten)**.

Zeichnen Sie die Stromlaufpläne der folgenden Anlagen 9 bis 12 je auf ein Blatt in Querformat!

9. In einer Garage ist eine Deckenleuchte mit zwei Wechselschaltern zu installieren **(Bild 37/1)**.

10. Die Wechselschaltung nach **Bild 37/1** ist durch eine Steckdose beim rechten Wechselschalter zu ergänzen.

p11. Ordnen Sie die Schalterarten dem Verwendungszweck zu!

a	b	c	d	e

a) Eine Lampe wird von einer Stelle aus geschaltet; b) zwei Lampen werden wahlweise oder zusammen geschaltet; c) eine Lampe wird von zwei Stellen aus geschaltet; d) eine Lampe wird von drei Stellen aus geschaltet; e) zwei Lampen werden gemeinsam von zwei Stellen aus geschaltet.

1. Wechselschalter; **2.** Serienschalter; **3.** Kreuzschalter; **4.** Ausschalter.

12. Mit einem Kreuzschalter **(Bild 37/2)** sollen die Lampen E1 und E2 so geschaltet werden, daß je nach Stellung des Kreuzschalters entweder E2 mit dem rechten Ausschalter und E1 mit dem linken Ausschalter oder umgekehrt geschaltet werden können.

13. Die Deckenleuchte einer Eingangshalle soll von drei Stellen aus geschaltet werden können **(Bild 37/4)**.

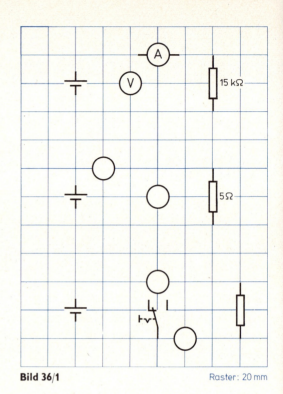

Bild 36/1 — Raster: 20 mm

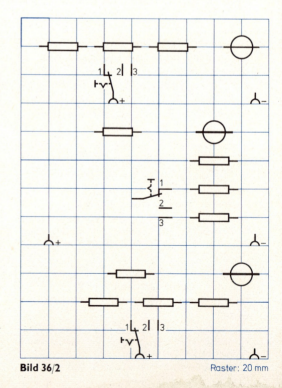

Bild 36/2 — Raster: 20 mm

14. Auf einem Prüfstand werden getestet:
a) Die Leistungsaufnahme und die Stromaufnahme eines Motors **(Bild 37/3 oben)**;
b) die Anzeige eines kWh-Zählers **(Bild 37/3 unten)**.
Zeichnen Sie die Stromlaufpläne der beiden Prüfschaltungen auf ein Blatt in Hochformat!

15. Zeichnen Sie die Stromlaufpläne für folgende logische Verknüpfungen auf ein Blatt in Hochformat **(Bild 37/5)**! Bestimmen Sie die Lage der Schalter selbst! a) Lampe H1 leuchtet, wenn Schließer von S1 und Schließer von S2 geschlossen sind; b) Lampe H2 leuchtet, wenn Schließer von S1 oder Schließer von S2 oder beide Schließer geschlossen sind.

16. Zeichnen Sie die Stromlaufpläne für folgende logische Verknüpfungen auf ein Blatt in Hochformat **(Bild 37/5)**! Bestimmen Sie die Lage der Schalter selbst!

    a) Lampe H1 leuchtet, wenn Öffner von S1 und Öffner von S2 nicht geöffnet sind;
    b) Lampe H2 leuchtet, wenn Öffner von S1 oder Öffner von S2 oder beide Öffner nicht geöffnet sind.

p1. Welche Größe zeigt der Zähler in **Bild 37/3** an?

   1. Wechselstromleistung; **2.** Gleichstromleistung; **3.** Wechselstromarbeit; **4.** Gleichstromarbeit; **5.** Laststrom.

p2. Wieviel Leiter führen in Schaltung **Bild 37/4** von der mittleren Abzweigdose zum mittleren Schalter?

   1. Keine Leiter (Anschluß erfolgt von den äußeren Schaltern); **2.** zwei; **3.** drei; **4.** vier; **5.** fünf.

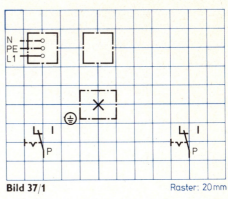

Bild 37/1 Raster: 20 mm

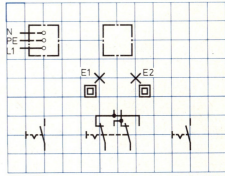

Bild 37/2 Raster: 20 mm

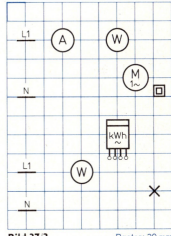

Bild 37/3 Raster: 20 mm

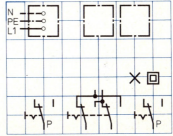

Bild 37/4 Raster: 25 mm

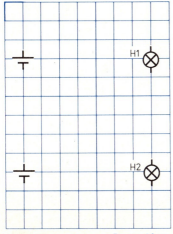

Bild 37/5 Raster: 20 mm

1.3.3 Übersichtsschaltplan oder Installationsplan aus Stromlaufplan in zusammenhängender Darstellung

Von den gegebenen Stromlaufplänen sollen die Übersichtsschaltpläne bzw. Installationspläne im angegebenen Format gezeichnet werden.

1. Zeichnen Sie von den Meßschaltungen **Bild 38/1** und **Bild 38/2** die Übersichtsschaltpläne in Hochformat!
2. Die Schaltungen von **Bild 38/3** und **Bild 38/4** sind mit Stegleitung im Putz installiert. Gesucht: Übersichtsschaltplan auf ein Blatt in Querformat. Leitungsart und Leiterzahlen sind anzugeben.
3. Die Schaltung von **Bild 38/5** wurde mit Mantelleitung und die von **Bild 38/6** in flexiblem Kunststoffrohr unter Putz installiert. Gesucht: Übersichtsschaltpläne auf ein Blatt in Hochformat. Leitungsart, Verlegungsart und Leiterzahlen sind einzutragen.
4. Der Lichtstromkreis von **Bild 38/7** soll in den Grundriß **Bild 38/8** im Maßstab 1 : 50 als Installationsplan übertragen werden. Leitungsart NYM unter Putz, Leiterzahlen und Verlegungsart sind einzutragen.

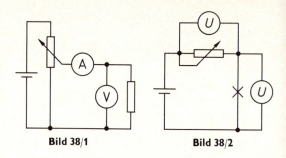

Bild 38/1   Bild 38/2

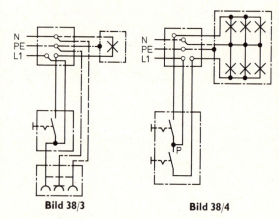

Bild 38/3   Bild 38/4

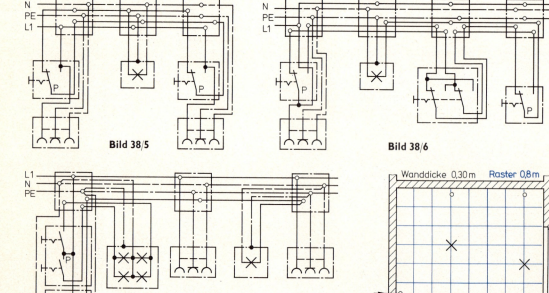

Bild 38/5   Bild 38/6

Bild 38/7   Bild 38/8

5. Die Serien-Wechselschaltung **Bild 39/1** soll in den Grundriß **Bild 39/2** als Installationsplan im Maßstab 1 : 50 gezeichnet werden. Die Leiterzahlen sind anzugeben.

6. Die Klingelanlagen **Bild 39/3** und **Bild 39/4** sind als Übersichtsschaltpläne auf ein Blatt in Hochformat zu zeichnen. Leitungsart und Leiterzahlen sind anzugeben.

7. Die Stromstoßschaltungen **Bild 39/5** und **Bild 39/6** sind auf ein Blatt in Hochformat zu zeichnen. Leitungsart und Leiterzahlen sind anzugeben.

8. Zeichnen Sie zu **Bild 39/7** und **Bild 39/8** auf ein Blatt in Querformat die Übersichtsschaltpläne!

p1. Welche Aussagen treffen für Übersichtsschaltpläne zu?
(2)
   1. Maßstäblich; **2.** allpolig; **3.** alle Einzelheiten der Schaltung erkennbar; **4.** einpolig; **5.** räumliche Lage nicht erkennbar.

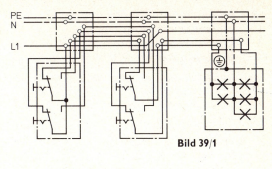

Bild 39/1

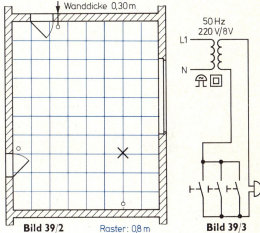

Bild 39/2   Raster: 0,8 m   Bild 39/3

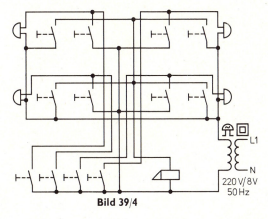

Bild 39/4

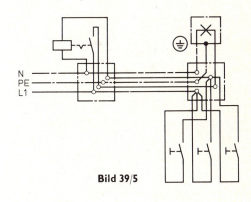

Bild 39/5

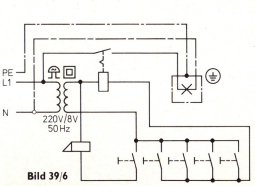

Bild 39/6

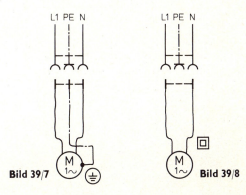

Bild 39/7   Bild 39/8

1.3.4 Stromlaufplan in zusammenhängender Darstellung aus Übersichtsschaltplan oder aus Installationsplan

Zeichnen Sie von den gegebenen Übersichtsschaltplänen die dazugehörigen Stromlaufpläne in zusammenhängender Darstellung jeweils auf ein Blatt im angegebenen Format!

1. Meßschaltung von **Bild 40/1** und Ladeschaltung eines Akkumulators von **Bild 40/2** im Querformat.
2. Im Querformat die Ausschaltung von **Bild 40/3** und den Durchgangsprüfer von **Bild 40/4**.
3. Die Installation von **Bild 40/5** im Hochformat mit Blatteinteilung nach **Bild 41/1**.
4. Die Lampenschaltung von **Bild 40/6** im Hochformat mit Blatteinteilung nach **Bild 41/1**.
5. Die Anlage von **Bild 40/7** im Hochformat.
6. Die Meßschaltung von **Bild 40/8** im Querformat.
7. Von **Bild 40/9** die Motorstromkreise für M1 und M2 im Hochformat.
8. Von **Bild 40/9** die Motorstromkreise für M2 und M3 im Hochformat.
9. Die Stromstoßschaltung mit Impulsschalter von **Bild 40/10** im Hochformat mit Blatteinteilung nach **Bild 41/1**.
10. Die Kreuzschaltung mit Stromstoßschalter (Impulsschalter) von **Bild 40/11** im Hochformat mit Blatteinteilung nach **Bild 41/1**.

Aus dem Installationsplan **Bild 41/2** sind die Stromlaufpläne in zusammenhängender Darstellung ohne Überstromschutzorgane zu zeichnen.

11. Beleuchtungsstromkreis 1 im Hochformat mit Blatteinteilung nach **Bild 41/1**.
12. Steckdosenstromkreis 2 im Hochformat mit Blatteinteilung nach **Bild 41/1**.
13. Beleuchtungsstromkreis 3 im Hochformat mit Blatteinteilung nach **Bild 41/1**.
14. Beleuchtungsstromkreis 4 im Hochformat mit Blatteinteilung nach **Bild 41/1**.
15. a) Oben auf einem Blatt (Hochformat): Beleuchtungsstromkreis 5; b) unten auf dem Blatt: Motorstromkreis 6.
16. Beleuchtungsstromkreis 7 im Hochformat mit Blatteinteilung nach **Bild 41/1**.

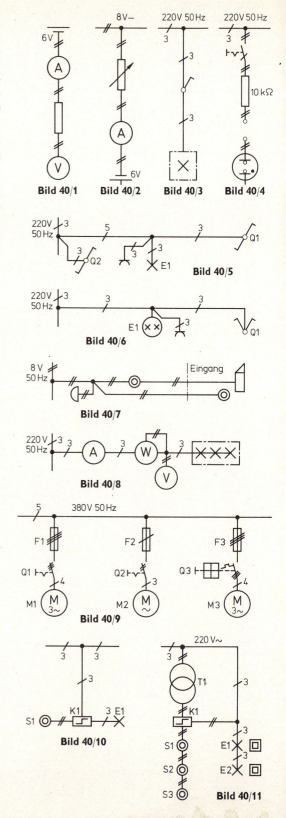

p1. Warum hat in **Bild 40/3** die zum Verbraucher gehende Leitung drei Adern?

1. Verbraucher für Dreiphasenwechselspannung; **2.** Hinleitung besteht aus zwei Adern, da dort mehr Strom fließt; **3.** Schutzleiter erfordert dritte Ader; **4.** man kann zusätzlich eine Steckdose wegen der dritten Ader anschließen; **5.** die dritte Ader ist überflüssig.

p2. Ordnen Sie den Installationsgeräten von **Bild 40/5** die zu ihnen führenden Leitungen zu! (J bedeutet mit grüngelber Ader, O ohne grüngelbe Ader.)

a) Schalter 1; **b)** Schalter 2; **c)** Steckdose; **d)** Lampe; **e)** Abzweigdose.
1. Zweiadrig O; **2.** dreiadrig O; **3.** dreiadrig J; **4.** fünfadrig O; **5.** fünfadrig J.

p3. Ordnen Sie den Schaltern von **Bild 41/2** die zu ihnen führenden Leitungen zu!

a) Wechselschalter mit Steckdosen, Stromkreis 1; **b)** Wechselschalter Stromkreis 4; **c)** Serienschalter Stromkreis 5; **d)** Ausschalter Stromkreis 6; **e)** Kreuzschalter Stromkreis 4.

1. Dreiadrig J; **2.** dreiadrig O; **3.** vieradrig J; **4.** vieradrig O; **5.** fünfadrig J.

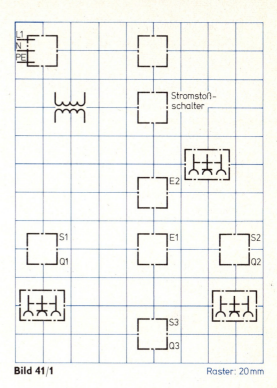

Bild 41/1 Raster: 20 mm

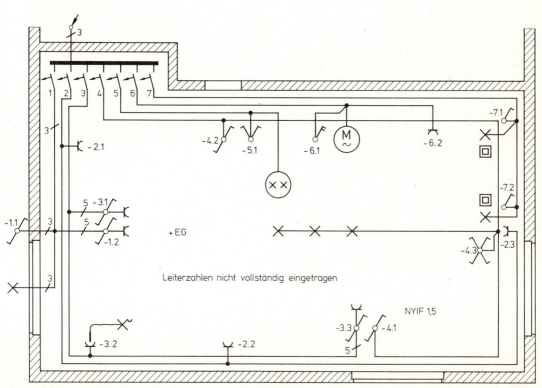

Bild 41/2

1.3.5 Stromlaufplan in aufgelöster Darstellung aus Stromlaufplan in zusammenhängender Darstellung

1. Zeichnen Sie von der Schaltung **Bild 42/1** auf ein Blatt in Hochformat mit der Einteilung **Bild 43/7** (Schiene L1 ganz oben, N und PE ganz unten) a) den Stromlaufplan in aufgelöster Darstellung bei nicht betätigtem Serienschalter, b) daneben den Stromlaufplan, wenn Lampe E1 eingeschaltet ist!

2. Zeichnen Sie auf ein Blatt in Hochformat mit der Einteilung **Bild 43/7** (Schiene L1 ganz oben, N und PE ganz unten) a) den Stromlaufplan von **Bild 42/2**, b) daneben den Stromlaufplan von **Bild 42/3**!

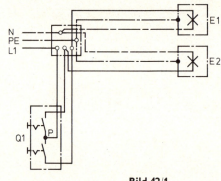

Bild 42/1

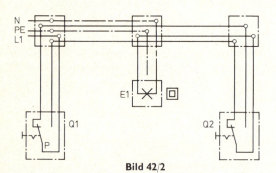

Bild 42/2

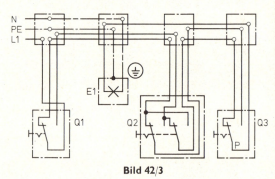

Bild 42/3

3. Zeichnen Sie von den Stromstoßschaltungen auf ein Blatt in Hochformat mit der Einteilung **Bild 43/7** a) den Stromlaufplan des Hauptstromkreises und daneben den des Hilfsstromkreises von **Bild 42/4**, b) darunter den Stromlaufplan des Hauptstromkreises und den des Hilfsstromkreises von **Bild 42/5**!

4. Zeichnen Sie auf ein Blatt in Hochformat mit der Einteilung **Bild 43/7** die Stromlaufpläne der Hauptstromkreise und der Hilfsstromkreise! a) Oben: Sicherheitsbeleuchtung (Notbeleuchtung) **Bild 43/1**, b) unten: Schützschaltung **Bild 43/2**!

5. Zeichnen Sie die Stromlaufpläne mit der Blatteinteilung **Bild 43/7** in Hochformat und versehen Sie die Betriebsmittel mit den Kennbuchstaben! a) Oben: Relais-Blinkschaltung **Bild 43/3**; b) unten: Weckeranlage **Bild 43/4**.

6. Zeichnen Sie die Stromlaufpläne mit der Blatteinteilung **Bild 43/7** in Hochformat! a) Oben: Einbruchalarmanlage **Bild 43/5**; b) unten: Hilfsstromkreis der Schützschaltung **Bild 43/6**.

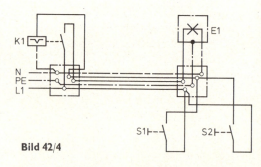

Bild 42/4

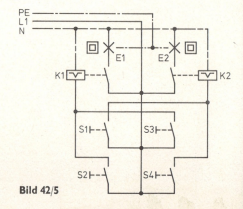

Bild 42/5

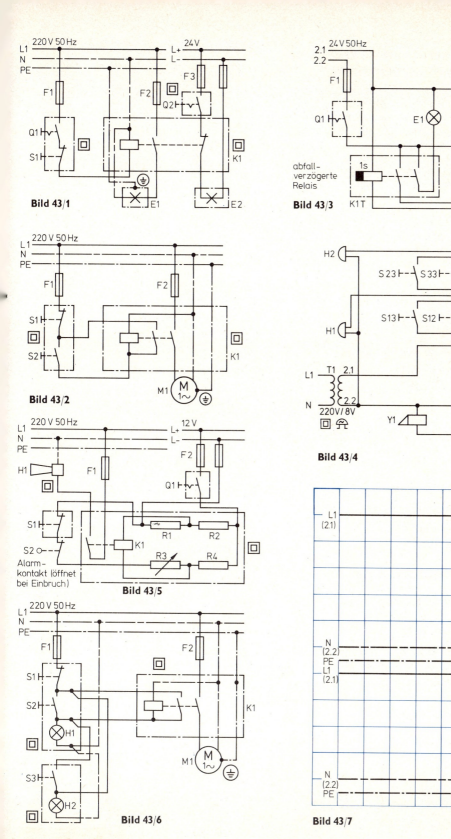

Bild 43/1
Bild 43/2
Bild 43/3
Bild 43/4
Bild 43/5
Bild 43/6
Bild 43/7

1.3.6 Stromlaufplan in zusammenhängender Darstellung aus Stromlaufplan in aufgelöster Darstellung

1. Übertragen Sie die Schaltzeichen der Betriebsmittel der Schaltung **Bild 44/1** auf ein Blatt mit der Einteilung nach **Bild 45/3**! Zeichnen Sie dann den Stromlaufplan in zusammenhängender Darstellung!

2. Zeichnen Sie aus **Bild 44/2** den Stromlaufplan in zusammenhängender Darstellung mit der Blatteinteilung nach **Bild 45/3** um!

3. Eine Schaltung hat den Hauptstromkreis **Bild 44/3** und den Hilfsstromkreis (Steuerstromkreis) **Bild 44/4**. Zeichnen Sie von dieser Schaltung den Stromlaufplan in zusammenhängender Darstellung mit der Blatteinteilung nach **Bild 45/3**!

4. Die Schaltung mit einem Impulsschalter (Stromstoßschalter) hat den Hauptstromkreis **Bild 44/3** und den Hilfsstromkreis **Bild 44/5**. Zeichnen Sie den Stromlaufplan in zusammenhängender Darstellung auf ein Blatt mit der Einteilung nach **Bild 45/3**!

5. Für die Umwälzpumpe einer Heizungsanlage wird Schaltung **Bild 45/1** verwendet. Zeichnen Sie den Stromlaufplan in zusammenhängender Darstellung mit Blatteinteilung nach **Bild 45/3**!

6. Eine Einbruch-Alarmanlage hat die Schaltung **Bild 45/2**. Zeichnen Sie den Stromlaufplan in zusammenhängender Darstellung mit einer Blatteinteilung ähnlich **Bild 45/3**! Die Alarmschleife des Schaufensters ist links in der Mitte anzuordnen.

7. Ein Einphasenmotor ist nach **Bild 44/6** ohne die gestrichelt gezeichneten Leitungen geschaltet. Zeichnen Sie den Stromlaufplan in zusammenhängender Darstellung mit Blatteinteilung nach **Bild 45/5**!

8. Zeichnen Sie zu **Bild 44/6** einschließlich der gestrichelt gezeichneten Leitungen den Stromlaufplan in zusammenhängender Darstellung mit Blatteinteilung nach **Bild 45/5**!

9. Eine Sicherheitsbeleuchtung (Notbeleuchtung) ist nach **Bild 44/8** ausgeführt. Zeichnen Sie die Anlage als Stromlaufplan in zusammenhängender Darstellung mit Blatteinteilung nach **Bild 45/5**!

10. Ein Einphasenmotor mit Hauptstromkreis von **Bild 44/6** soll von zwei Stellen aus geschaltet werden können. Deshalb erhält er den Hilfs-

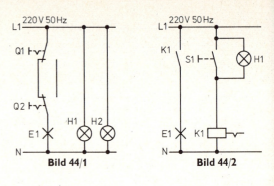

Bild 44/1   Bild 44/2

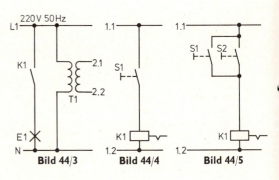

Bild 44/3   Bild 44/4   Bild 44/5

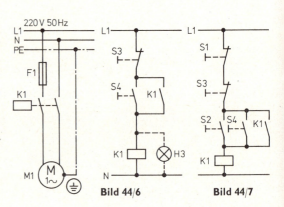

Bild 44/6   Bild 44/7

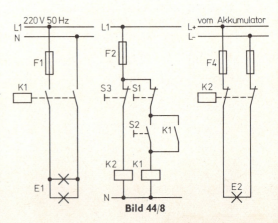

Bild 44/8

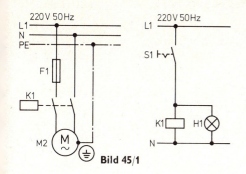

Bild 45/1

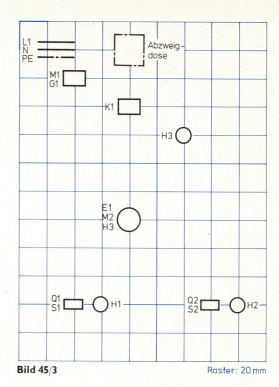

Bild 45/3 Raster: 20 mm

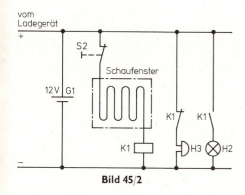

Bild 45/2

stromkreis **Bild 44/7** anstelle des Hilfsstromkreises von Bild 44/6. Zeichnen Sie von der Anlage den Stromlaufplan in zusammenhängender Darstellung mit der Blatteinteilung nach **Bild 45/5**!

p1. In Schaltung **Bild 44/1** ist die Lampe H2 im Schalter Q2 eingebaut. Wieviel Adern muß die Leitung von der Abzweigdose zum Schalter Q2 mindestens haben?
   1. Eine; 2. zwei; 3. drei; 4. vier; 5. fünf.

p2. In Schaltung **Bild 44/6** sind S3, S4 und H3 zusammengebaut. Wieviele Adern muß die Leitung dorthin mindestens haben, wenn das Gehäuse schutzisoliert ist?
   1. Eine; 2. zwei; 3. drei; 4. vier; 5. fünf.

p3. Welche Aufgabe hat der Tastschalter S3 in Schaltung **Bild 44/8**?
   1. Inbetriebnahme der Anlage; 2. Einschalten von K1; 3. Prüfung, ob E2 arbeitet; 4. Prüfung, ob K1 anzieht; 5. Einschalten von K2.

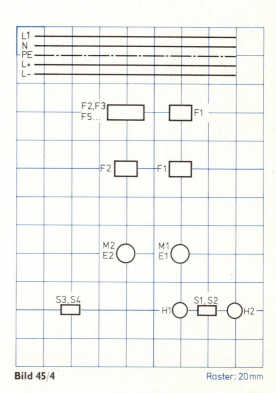

Bild 45/4 Raster: 20 mm

1.3.7 Ergänzen von Stromlaufplänen in aufgelöster Darstellung

1. Zeichnen Sie von den Lichtschaltungen a) bis d) die Stromlaufpläne auf ein Blatt in Hochformat nach **Bild 46/1**! a) Oben links: Ausschaltung; b) oben rechts: Serienschaltung mit Kippschaltern; c) unten links: Wechselschaltung; d) unten rechts: Kreuzschaltung.

2. Zeichnen Sie die Stromlaufpläne der Leuchtmeldeanlagen a) bis d) auf ein Blatt in Hochformat nach **Bild 46/2**! a) Oben links: Lampe H1 soll mit S2 eingeschaltet werden können, wenn S1 in Stellung 1 ist. Lampe H2 soll entsprechend in Stellung 2 eingeschaltet werden können. b) Oben rechts: Wenn S3 umschaltet, soll H3 leuchten; H3 soll erlöschen, wenn S4 umschaltet. In gleicher Weise soll H4 mit S4 eingeschaltet und mit S3 ausgeschaltet werden können. c) Unten links: H5 soll leuchten, wenn S5 und S7 oder S6 und S8 schließen. d) Unten rechts: H7 soll leuchten, wenn S9 oder S10 und zusätzlich S11 oder S12 schließen.

3. Zeichnen Sie die Stromlaufpläne der Relaisschaltungen a) bis c) auf ein Blatt in Hochformat nach **Bild 47/1**! a) Oben links: Relais K1 soll ansprechen, wenn S1 schließt. Dann schließt K1 und der Wecker H1 ertönt. b) Oben rechts: Wenn S2 schließt, spricht Relais K2 an und hält sich über den Selbsthaltekontakt K2, bis S3 öffnet. Solange das Relais in Betrieb ist, soll über K2 (ganz rechts) der Weckerstromkreis für H2 geschlossen sein. c) Unten: Wenn S4 schließt, spricht K3 an und bleibt über den Selbsthaltekontakt K3 erregt, bis S5 öffnet. Wenn K3 erregt wird, soll die Lampe H4 erlöschen und der Wecker H3 ertönen.

4. Zeichnen Sie die Stromlaufpläne der Warnanlagen a) und b) auf ein Blatt in Hochformat nach **Bild 47/2**! a) Oben: Das abfallverzögerte Relais K1 wird durch das anzugverzögerte Relais K2 angesteuert. Ebenso wird K2 durch K1 angesteuert. Hierdurch entsteht eine Blinkanlage, die durch S1 eingeschaltet und ausgeschaltet werden kann. b) Unten: Wenn S2 schließt, soll die Warnlampe H2 leuchten; die Warnlampe H3 kann dann nicht mehr zum Leuchten gebracht werden, solange S2 schließt. Umgekehrt kann H2 nicht leuchten, solange S3 schließt.

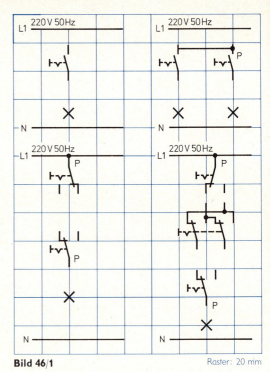

Bild 46/1   Raster: 20 mm

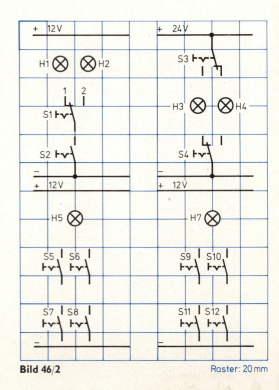

Bild 46/2   Raster: 20 mm

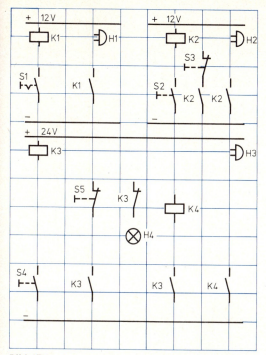

Bild 47/1 Raster: 20 mm

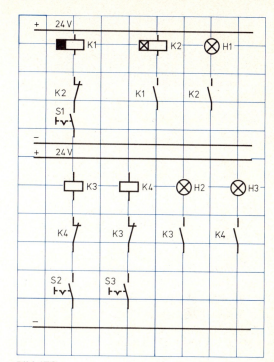

Bild 47/2 Raster: 20 mm

5. Zeichnen Sie den Stromlaufplan **Bild 47/3** auf ein Blatt in Hochformat! Am Anfang und Ende der eingleisigen Strecke einer Grubenbahn stehen die Ampeln auf Rot. Am Anfang sind die von der Lokomotive aus zu betätigenden Schalter S1 und S4 am Ende S2 und S3. Wenn der Zug in die eingleisige Strecke einfährt, betätigt der Lokomotivführer z. B. S1; dadurch zieht K1 an, und Ampel H1 schaltet auf Grün. Relais K2 kann nun nicht mehr erregt werden. Am Ende der eingleisigen Strecke betätigt der Lokführer S3; dadurch wird die Strecke wieder von beiden Seiten gesperrt. Bei Einfahrt von der anderen Seite wird entsprechend S2 betätigt und nach Durchfahrt S4.

p1. Ordnen Sie den Kennbuchstaben die Betriebsmittel zu!

a	b	c	d

a) H; b) K; c) S; d) F.
1. Schalter; 2. Meldegerät; 3. Sicherung; 4. Relais.

p2. Ordnen Sie den Relais-Antrieben in **Bild 47/2** die Antriebsart zu!

a	b	c	d

a) K1; b) K2; c) K3; d) K4.
1. Elektromechanischer Antrieb mit Anzugverzögerung;
2. elektromechanischer Antrieb mit Abfallverzögerung;
3. elektromechanischer Antrieb allgemein; 4. gepoltes Relais; 5. Thermorelais.

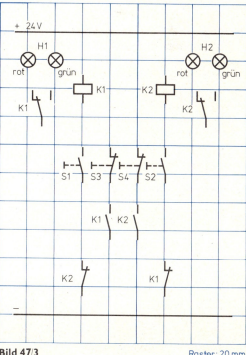

Bild 47/3 Raster: 20 mm

6. Zeichnen Sie die Stromlaufpläne der Beleuchtungsanlagen a) und b) auf ein Blatt in Hochformat nach **Bild 48/1**! a) Oben: Mit dem Stromstoßschalter K1 soll die Lampe H1 geschaltet werden. b) Unten: Mit jedem Taster können alle Lampen einer Treppenhausbeleuchtung geschaltet werden.

7. Zeichnen Sie von den Schützsteuerungen a) und b) die Stromlaufpläne auf ein Blatt in Hochformat nach **Bild 48/2**! a) Oben: Der Motor M1 wird mit Schütz K1 geschaltet. Mit den Überstromschutzorganen (Sicherungen) F1 wird der Hauptstromkreis, mit F2 der Hilfsstromkreis (Steuerstromkreis) gesichert. b) Unten: Mit Schütz K2 wird der Drehstrommotor M2 gesteuert. Die Schützspule K2 wird über den Schließer S2 (Ein) und den Öffner S3 (Aus) gesteuert. Nach Betätigung von S2 wird Schütz K2 über den Selbsthaltekontakt K2 gehalten. Die Überstromschutzorgane F3 gehören zum Hauptstromkreis und F4 zum Hilfsstromkreis.

8. Zeichnen Sie die Stromlaufpläne des Hauptstromkreises und des Hilfsstromkreises der Anlage **Bild 49/1** auf ein Blatt in Hochformat! Mit Schütz K1 wird der Drehstrommotor M1 gesteuert. S1 dient zum Einschalten des Motors, S2 zum Ausschalten. Mit dem Schließer K1 im Hilfsstromkreis wird Schütz K1 so lange gehalten, wie der Motor in Betrieb ist. Das Überstromrelais F3 schaltet den Motor bei zu großer Stromaufnahme ab. Die Überstromschutzorgane F1 bzw. F2 sichern den Hauptstromkreis bzw. den Hilfsstromkreis.

9. Zeichnen Sie die Stromlaufpläne des Hauptstromkreises und des Hilfsstromkreises eines Drehstrommotors mit Fernschaltung von zwei Stellen aus auf ein Blatt in Hochformat nach **Bild 49/2**. Der Motor kann durch Betätigen von S1 oder S2 eingeschaltet und durch Betätigen von S3 oder S4 ausgeschaltet werden. Schließer K1 im Hilfsstromkreis ist Selbsthaltekontakt für Schütz K1. Die Überstromschutzorgane F1 sichern den Hauptstromkreis; F2 sichert den Hilfsstromkreis.

10. Zeichnen Sie von der Anlage **Bild 49/1** die Stromlaufpläne in dem Betriebszustand, der sich einstellt, nachdem S1 kurz betätigt wurde. Hierzu ist ein Blatt in Hochformat zu verwenden. Mit Schütz K1 wird der Drehstrom-

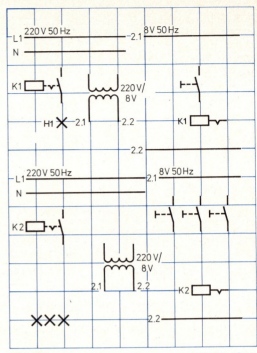

Bild 48/1   Raster: 20 mm

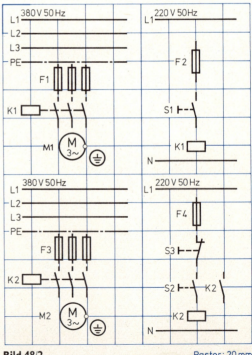

Bild 48/2   Raster: 20 mm

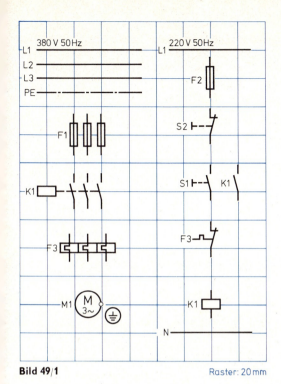

Bild 49/1   Raster: 20 mm

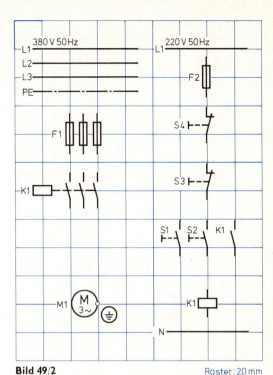

Bild 49/2   Raster: 20 mm

motor M1 gesteuert. S1 dient zum Einschalten des Motors und S2 zum Ausschalten. Mit dem Schließer K1 im Hilfsstromkreis wird Schütz K1 so lange gehalten, wie der Motor in Betrieb ist. Das Überstromschutzrelais F3 schaltet den Motor bei zu großer Stromaufnahme ab. F1 sichert den Hauptstromkreis und F2 den Hilfsstromkreis.

11. Zeichnen Sie den Stromlaufplan der Brückenschaltung nach **Bild 49/3** auf ein Blatt in Hochformat! Relais K1 spricht an, wenn die Alarmschleife unterbrochen wird. Dann steuert K1 die Relaisspule K2 an; K2 wird über einen Selbsthaltekontakt gehalten, auch wenn die Alarmschleife überbrückt wird. K2 schaltet den Wecker. Mit S1 kann Relais K2 abgeschaltet werden.

p3. Der Nennstrom des Motors in **Bild**
(2) **49/1** ist 8 A, der Nennstrom der Sicherung F1 ist 16 A. Wie wirkt sich eine länger dauernde Stromaufnahme des Motors von 17 A aus?

1. Der Motor wird zerstört; 2. die Sicherungen F1 sprechen an; 3. das Überstromrelais F3 schaltet K1 ab; 4. Schütz K1 fällt ab und schaltet den Motor aus; 5. es zeigt sich keine Wirkung.

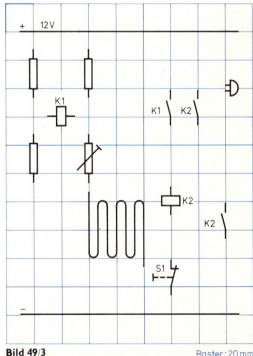

Bild 49/3   Raster: 20 mm

1.3.8 Stromlaufplan in aufgelöster Darstellung aus Beschreibung

1. Zeichnen Sie auf ein Blatt in Querformat nebeneinander die Stromlaufpläne in aufgelöster Darstellung der beiden Weckeranlagen a) und b), und versehen Sie die Betriebsmittel mit den Kennbuchstaben und Kennzahlen! **a)** In einem Zweifamilienhaus sollen die Wecker H1 und H2 von der Haustür und den beiden Wohnungstüren aus geschaltet werden. Ein Türöffner Y1 an der Haustür kann außerdem von den beiden Wohnungen geschaltet werden. Die Anlage wird durch einen Klingeltransformator T1 für 220 V/8 V gespeist. **b)** Die Anlage aus Aufgabe a) soll so erweitert werden, daß die Wecker H1 und H2 zusätzlich vom Gartentor aus zu schalten sind und ein Türöffner Y2 am Gartentor gleichzeitig mit dem Türöffner Y1 der Haustür zu schalten ist.

2. Zeichnen Sie auf ein Blatt in Querformat den Stromlaufplan in aufgelöster Darstellung des Hauptstromkreises und die beiden Stromlaufpläne in aufgelöster Darstellung der folgenden Hilfsstromkreise (Steuerstromkreise) für die Anlagen a) und b)! Tragen Sie die erforderlichen Überstromschutzorgane (Sicherungen) in die Stromkreise ein und bezeichnen Sie die Betriebsmittel mit den Kennbuchstaben und Kennzahlen! **a)** Der Wechselstrommotor M1 für 220 V 50 Hz eines Kompressors wird durch ein Schütz K1 über Tastschalter S2, S3, S4, S5 von zwei verschiedenen Stellen aus eingeschaltet bzw. ausgeschaltet. Nach dem Einschaltbefehl soll das Schütz anziehen und erst nach Betätigen eines Tastschalters „Aus" wieder abfallen. Als Schutzmaßnahme für den Motor ist Nullung mit getrennt verlegtem Schutzleiter anzuwenden. **b)** Der Betriebszustand des Motors M1 aus Aufgabe a) im eingeschalteten Zustand soll an den Tastschaltern durch Kontrollampen H1 und H2 angezeigt werden. Zusätzlich darf der Motor nur nach Betätigung eines Schalters mit Steckschlüssel (S1) im Hilfsstromkreis betriebsbereit sein.

3. Vier Lampen eines Treppenhauses können mit einem Stromstoßschalter durch Tastschalter von vier verschiedenen Stellen aus eingeschaltet und ausgeschaltet werden. Der Hilfsstromkreis wird mit einem Klingeltransformator 220 V/8 V gespeist. Die Spannung für die Lampen beträgt 220 V. Zeichnen Sie auf ein Blatt in Querformat die Stromlaufpläne in aufgelöster Darstellung des Hauptstromkreises und des Hilfsstromkreises (Steuerstromkreis), und bezeichnen Sie die Betriebsmittel mit den Kennbuchstaben und Kennzahlen!

4. In einem Einfamilienhaus soll die Außenleuchte durch einen Stromstoßschalter 8 V 50 Hz von zwei verschiedenen Stellen aus eingeschaltet und ausgeschaltet werden. Durch je einen Tastschalter werden ein Türöffner und ein Wecker geschaltet. Die gesamte Anlage wird durch einen Klingeltransformator 220 V/8 V gespeist. Die Lampenspannung beträgt 220 V. Zeichnen Sie auf ein Blatt in Querformat die Stromlaufpläne in aufgelöster Darstellung des Hauptstromkreises und der Hilfsstromkreise (Steuerstromkreise), und bezeichnen Sie die Betriebsmittel mit den Kennbuchstaben und Kennzahlen!

5. Auf ein Blatt in Hochformat sind die Stromlaufpläne in aufgelöster Darstellung der Aufgabe a) und der Aufgabe b) zu zeichnen. Die Betriebsmittel sind mit den Kennbuchstaben und Kennzahlen zu bezeichnen. **a)** Ein Heizlüftermotor 220 V 50 Hz kann mit zwei verschiedenen Drehzahlen betrieben werden. Der verwendete Stufenschalter besitzt die Schaltstellungen „Aus", „Niedere Drehzahl" und „Hohe Drehzahl". Bei der niederen Drehzahl wird ein Vorwiderstand in den Motorstromkreis geschaltet; bei der hohen Drehzahl liegt der Motor direkt an 220 V. Als Schutzmaßnahme ist die Nullung anzuwenden. **b)** Zwei schutzisolierte Lampen eines Zimmers sollen von den beiden Zimmertüren aus eingeschaltet und ausgeschaltet werden können. Die Schaltung ist mit Wechselschaltern auszuführen.

6. Zeichnen Sie auf ein Blatt in Querformat die Stromlaufpläne in aufgelöster Darstellung der Aufgabe a) und der Aufgabe b)! Die Betriebsmittel sind mit den Kennbuchstaben und Kennzahlen zu versehen! **a)** Drei Lampen werden in der Weise an ein Drehstromnetz 220 V/380 V angeschlossen, daß jede Lampe zwischen einem Außenleiter und dem Neutralleiter liegt. Die drei Außenleiter L1, L2, L3 werden durch einen dreipoligen Ausschalter geschaltet. **b)** Eine Lampe kann von vier verschiedenen Stellen aus eingeschaltet und ausgeschaltet werden. Die Schaltung ist als Kreuzschaltung mit zwei Wechselschaltern und zwei Kreuzschaltern zu zeichnen.

7. Zeichnen Sie die Stromlaufpläne in aufgelöster Darstellung der beiden Weckeranlagen auf ein Blatt in Hochformat, und versehen Sie die Betriebsmittel mit den Kennbuchstaben! a) Ein Wecker soll das Öffnen oder Schließen einer Ladentür durch einen Schließer, der sich als Türkontakt an der Ladentür befindet, melden. Ist die Ladentür abgeschlossen, so kann der Wecker durch einen Tastschalter betätigt werden. Die Anlage wird durch einen Klingeltransformator 220 V/8 V gespeist. b) Durch einen Ausschalter wird die Anlage in der Weise erweitert, daß der Wecker wahlweise durch das Öffnen oder Schließen der Ladentür oder nur durch den Tastschalter geschaltet werden kann.

8. Zeichnen Sie die Stromlaufpläne in aufgelöster Darstellung der beiden Hilfsstromkreise und des Hauptstromkreises nebeneinander auf ein Blatt in Hochformat, und versehen Sie die Betriebsmittel mit den Kennbuchstaben und Kennzahlen! a) Der Wechselstrommotor 220 V 50 Hz eines Heißluftgebläses wird über ein Schütz eingeschaltet und ausgeschaltet. Der Hilfsstromkreis des Schützes wird durch einen Thermostaten (thermisches Relais F1) gesteuert. Beim Unterschreiten der eingestellten Temperatur wird vom Thermostat über einen Schließer die Schützspule erregt und der Motor läuft. Sobald die eingestellte Temperatur erreicht ist, öffnet der Schließer, und der Motor wird abgeschaltet. b) Die Anlage soll erweitert werden, so daß der jeweilige Betriebszustand des Motors am Thermostat durch eine Kontrollampe angezeigt wird. Leuchten der roten Kontrollampe bedeutet „Motor aus", Leuchten der grünen Kontrollampe bedeutet „Motor ein". Im Hilfsstromkreis soll außerdem noch ein Ausschalter eingebaut werden mit dem die ganze Anlage abgeschaltet werden kann.

9. Zeichnen Sie die Stromlaufpläne in aufgelöster Darstellung der beiden Schaltungen a) und b) auf ein Blatt in Hochformat, und bezeichnen Sie die Betriebsmittel mit den Kennbuchstaben und Kennzahlen! a) In einem Prüfraum darf die Temperatur einen festgelegten Wert nicht überschreiten. Ein thermisches Relais F1 übernimmt diese Aufgabe. Überschreitet die Temperatur den vorgeschriebenen Wert, so öffnet der Öffner des thermischen Relais F1. Dadurch wird der Hilfsstromkreis (Steuerstromkreis) eines elektromagnetischen Relais K1 mit Öffner unterbrochen, und der Öffner des elektromagnetischen Relais schließt. Durch das Schließen des Relaiskontaktes wird der Stromkreis der Hupe geschlossen und die Störung durch die Hupe gemeldet. Der Stromkreis der Hupe und der Stromkreis des Relais werden jeweils mit einer 6-V-Batterie gespeist. Ein Hauptschalter Q1 schaltet die ganze Anlage. b) Die Anlage soll so erweitert werden, daß in den Stromkreis vom thermischen Relais und elektromagnetischen Relais ein Prüftaster eingebaut wird, der beim Betätigen den Relaisstromkreis unterbricht und die Hupe zum Ansprechen bringt. Neben der akustischen Meldung durch die Hupe soll die Störung noch mit einer Warnlampe angezeigt werden. Diese Schaltung ist in dem Betriebszustand darzustellen, der sich bei geschlossenem Hauptschalter und niederer Temperatur einstellt.

p1. Welche Aussagen sind für die Stromlaufpläne von Schützschaltungen richtig?
(2)

1. Eine Schaltung ist durch den Hauptstromkreis vollständig dargestellt; 2. der Hilfsstromkreis enthält keine Kennbuchstaben der Betriebsmittel; 3. der Stromlaufplan in aufgelöster Darstellung besteht aus einem Hauptstromkreis und einem Hilfsstromkreis; 4. die Betriebsmittel von Hauptstromkreis und Hilfsstromkreis werden mit Kennbuchstaben und Kennzahlen versehen; 5. der Hauptstromkreis wird einpolig dargestellt.

p2. Was trifft bei Aufgabe 50/6 a) zu?
(2)

1. Die Lampen müssen für die Nennspannung 380 V bemessen sein; 2. die Spannung zwischen zwei Außenleitern beträgt 220 V; 3. die Spannung zwischen einem Außenleiter und dem Neutralleiter beträgt 220 V; 4. wenn der Neutralleiter unterbrochen ist, leuchten die Lampen nicht; 5. die drei Lampen sind in Stern geschaltet.

p3. Welcher Sachverhalt ist richtig?
(2)

1. In Stromlaufplänen in aufgelöster Darstellung werden genormte Schaltzeichen verwendet; 2. der Stromweg ist bei Stromlaufplänen in aufgelöster Darstellung nicht erkennbar; 3. der Stromlaufplan in aufgelöster Darstellung ist bei umfangreichen Schaltungen besonders übersichtlich; 4. der Stromlaufplan in aufgelöster Darstellung gibt die genaue räumliche Lage der Betriebsmittel an; 5. der Stromlaufplan in aufgelöster Darstellung wird maßstäblich gezeichnet.

1.3.9 Beschreiben des Schaltvorgangs

Beschreiben Sie die Schaltvorgänge und die sonstigen Vorgänge, z. B. das Auslösen von Überstromschutzorganen, in der zeitlichen Reihenfolge unter Angabe des Stromweges! Im Verbraucher ist bei Wechselstrom der Stromweg vom Außenleiter zum Neutralleiter anzunehmen, bei Gleichstrom von Plus nach Minus. Verwenden Sie jeweils ein Blatt im Hochformat!

1. In der Anlage **Bild 52/1** treten verschiedene Fehler auf. a) Körperschluß am Heizgerät; b) Kurzschluß zwischen Außenleitern L1 und L2 in der Motorleitung; c) Körperschluß von Außenleiter L1 zum Motorgehäuse; d) Körperschluß von Außenleiter L2 zum Motorgehäuse bei gleichzeitiger Unterbrechung des Neutralleiters (Sternpunktleiters) an der Stelle A.

2. Der Heißwasserspeicher **Bild 52/2** wird mit kaltem Wasser gefüllt und eingeschaltet. Es wird kein Wasser entnommen. a) Vorgänge bei fehlerfreiem Gerät; b) Vorgänge, wenn während des Aufheizens ein Körperschluß am Heizkörper auftritt.

3. a) In der Stromstoßschaltung **Bild 52/3** wird der Tastschalter S1 betätigt. b) Während des Betriebs der Schaltung Bild 52/3 tritt bei Lampe E1 ein Körperschluß auf.

4. a) Bei der Schützschaltung **Bild 52/4** wird der Tastschalter S2 kurzzeitig betätigt; b) nach Anziehen des Schützes von Bild 52/4 wird S1 kurz betätigt; c) infolge einer mechanischen Erschütterung prallen die Schließer von K1 aufeinander, ohne daß ein Tastschalter betätigt wurde.

5. a) Bei der Schützschaltung **Bild 53/1** wird S2 kurzzeitig betätigt; b) in Schaltung Bild 53/1 wird der Motor mit 8 kW belastet; c) in der Schaltung Bild 53/1 tritt am Motor ein Körperschluß auf.

6. **Bild 53/2** stellt eine Sicherheitsbeleuchtung (Notbeleuchtung) dar. a) Der Hauptschalter Q1 wird geschlossen; b) bei geschlossenem Q1 wird S3 kurzzeitig betätigt; c) nach Betätigen von S3 wird S1 betätigt; d) nach Betätigen von Q1 und S3 fällt das 220-V-Netz aus.

7. **Bild 53/3** stellt eine automatische Lichteinschaltung (Dunkelschaltung) dar. Tastschalter S2 wird kurz betätigt, und zwar bei voller Helligkeit; später wird es dunkel.

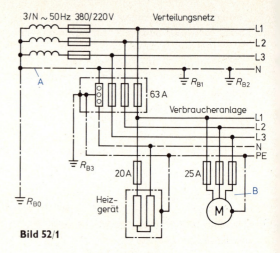

Bild 52/1

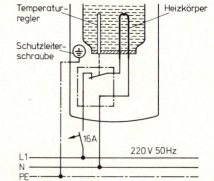

Bild 52/2

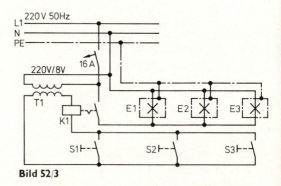

Bild 52/3

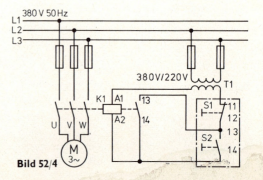

Bild 52/4

8. a) Bei der Relaisschaltung **Bild 53/4** mit einem Kaltleiterwiderstand wird S1 dauernd betätigt;
b) bei der Relaisschaltung **Bild 53/5** wird der Schließer S2 geschlossen.

p1. An der Stelle B von **Bild 52/1** entsteht zwischen L3 und PE ein Schluß. Welche Folge tritt ein?

1. Der Kurzschlußstrom fließt über L3 ab, so daß dort allmählich Wärme entsteht; **2.** der Schmelzleiter der Hausanschlußsicherung 63 A schmilzt durch; **3.** die Sicherung 25 A spricht an; **4.** die Sicherung 20 A spricht an; **5.** mehrere Sicherungen sprechen an.

p2. In der Stromstoßschaltung **Bild 52/3** wird zunächst S3 betätigt. Welche Folge tritt bei zusätzlicher Betätigung von S1 ein?

1. Nun leuchtet auch E1; **2.** E3 leuchtet weiterhin; **3.** alle drei Lampen werden abgeschaltet; **4.** nur E3 wird abgeschaltet; **5.** zusätzlich werden E1 und E3 eingeschaltet.

p3. In der Schützschaltung **Bild 52/4** werden versehentlich die Tasterklemmen 11 und 14 vertauscht, so daß Klemme 14 am Steuertransformator angeschlossen ist und Klemme 11 am Schütz. Welche Folge tritt ein?

1. Das Schütz hält sich nicht mehr selbst; **2.** das Schütz zieht nicht mehr an; **3.** das Schütz läßt sich nicht mehr abschalten; **4.** im Steuerstromkreis entsteht ein Kurzschluß; **5.** das Schütz zieht auch ohne Betätigung eines Tastschalters an.

p4. Ordnen Sie den Bauelementen von **Bild 53/3** die Aufgaben 1 bis 5 zu!

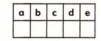

a) B1; **b)** S1; **c)** S2; **d)** Schließer K1; **e)** Öffner K3.
1. Einschalten der Beleuchtung; **2.** Helligkeitsfühler; **3.** Abschalten von K1 bei großer Helligkeit; **4.** Abschalten der ganzen Anlage; **5.** Einschalten des Helligkeitsfühlers.

p5. Welche Folge tritt ein, wenn der Kaltleiterwiderstand von **Bild 53/4** durch einen gewöhnlichen Schichtwiderstand ersetzt wird und S1 betätigt wird?

1. Das Relais zieht stark verzögert an; **2.** das Relais zieht an, fällt aber sofort wieder ab; **3.** das Relais zieht fast verzögerungsfrei an; **4.** der Öffner K1 öffnet verzögert; **5.** die Relaisspule wird überlastet.

p6. Welche Aufgabe hat der Heißleiterwiderstand in Schaltung **Bild 53/5**?

1. Das Relais öffnet verzögert; **2.** das Relais zieht verzögert an; **3.** an K2 tritt Funkenlöschung ein; **4.** das Relais öffnet nach einiger Zeit von selbst; **5.** das Relais schaltet sich fortlaufend selbst ein und aus.

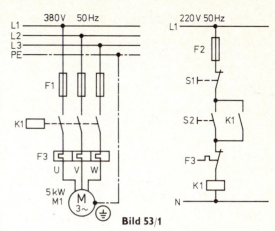

Bild 53/1

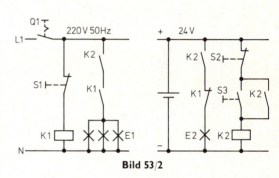

Bild 53/2

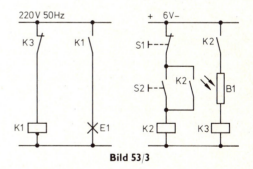

Bild 53/3

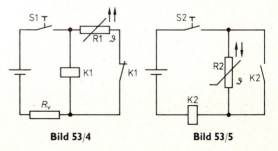

Bild 53/4   Bild 53/5

1.3.10 Herauszeichnen aus Schaltplänen

1. Zeichnen Sie aus **Bild 55/1** den Stromlaufplan für E1 und E2 auf ein Blatt im Querformat mit der Blatteinteilung von Bild 55/1!

2. Aus **Bild 55/1** ist für E2 der Stromlaufplan zu zeichnen, und zwar mit den Steckdosen X1 und X4. Verwenden Sie ein Blatt im Querformat mit der Blatteinteilung nach Bild 55/1!

3. Von der Wohnrauminstallation **Bild 55/1** ist der Stromlaufplan für E3 und A1 zu zeichnen, einschließlich der Steckdosen X1, X2 und X3. Verwenden Sie ein Blatt im Querformat mit der Blatteinteilung nach Bild 55/1!

4. Aus **Bild 55/1** ist der Stromlaufplan für E2 und E5 zu entnehmen und auf ein Blatt im Querformat mit der Blatteinteilung nach Bild 55/1 zu zeichnen.

Bild 55/2 zeigt die Gesamtschaltung eines Prüfplatzes mit Wechselspannung und Gleichspannung.

5. Vom Prüfplatz **Bild 55/2** ist auf ein Blatt im Hochformat mit der Blatteinteilung **Bild 54/1** der Stromlaufplan für die Geräte F1, Q1, H1, P4, P5 und P7 zu zeichnen.

6. Zeichnen Sie auf ein Blatt im Hochformat mit der Blatteinteilung nach **Bild 54/1** den Stromlaufplan vom Prüfplatz **Bild 55/2** für die Geräte F1, Q1, H1, P1, P2, P3, H2, P6 und R1!

7. Zeichnen Sie auf ein Blatt im Hochformat mit Blatteinteilung **Bild 54/2** den Stromlaufplan für die Geräte F1, Q1, H1, A1, G1, F2, Q2, H3, P8 des Prüfplatzes **Bild 55/2** (A1 mit dem dargestellten Schaltzeichen, also ohne Innenschaltung)!

8. Entnehmen Sie aus der Schaltung **Bild 55/2** die Stromwege vom Netz bis zu A1 und von dort bis zu den Anschlüssen 8 und 9! Zeichnen Sie dazu den Stromlaufplan mit der Blatteinteilung **Bild 54/2**!

p1. Welche Schaltung liegt bei E2 von **Bild 55/1** vor!

1. Ausschaltung; **2.** übliche Wechselschaltung; **3.** Sparwechselschaltung; **4.** Kreuzschaltung; **5.** Serienschaltung.

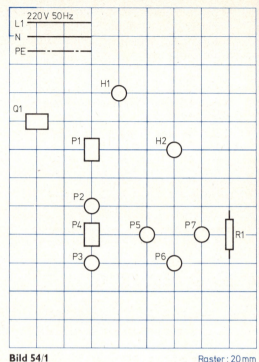

Bild 54/1   Raster: 20 mm

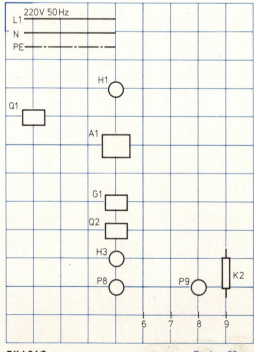

Bild 54/2   Raster: 20 mm

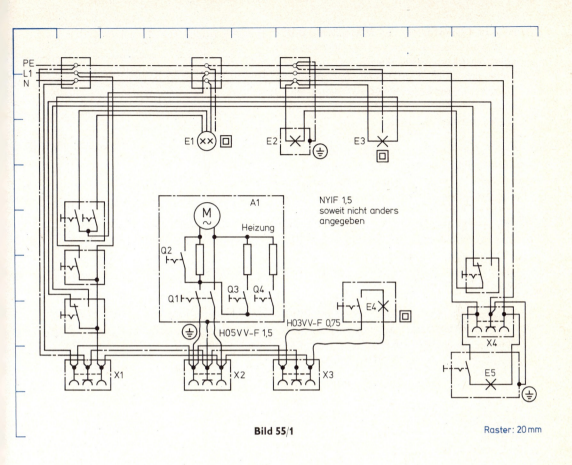

Bild 55/1

Raster: 20 mm

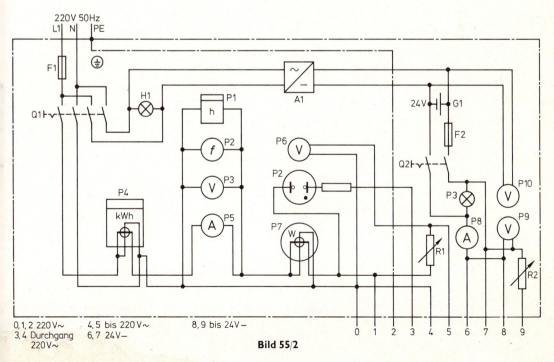

0, 1, 2 220 V~   4, 5 bis 220 V~   8, 9 bis 24 V–
3, 4 Durchgang 6, 7 24 V–
220 V~

Bild 55/2

10. Zeichnen Sie von der Schützschaltung **Bild 57/1** (verschiedene Motoren in einem Lagerhaus) die Stromkreise, die nach kurzzeitiger Betätigung der Tastschalter S12 (sprich: S-eins-zwei) und S23 arbeiten würden, jedoch im nicht erregten Zustand (Ruhezustand)! Blatteinteilung **Bild 56/1**.

11. Die Tastschalter S12 und S23 von **Bild 57/1** werden kurzzeitig betätigt. Zeichnen Sie auf ein Blatt mit der Einteilung **Bild 56/1** die Stromlaufpläne der jetzt arbeitenden Stromkreise, und zwar mit der Arbeitsstellung der Schaltglieder! Hinweis: Der erregte Zustand wird durch einen Pfeil neben dem Schaltglied dargestellt; die betroffenen Öffner werden wie Schließer dargestellt, die Schließer dagegen wie Öffner.

12. Zeichnen Sie von der Schützschaltung **Bild 57/1** die Stromkreise, die nach kurzzeitiger Betätigung von S62 arbeiten, jedoch im nicht erregten Zustand (Ruhezustand)! Blatteinteilung nach **Bild 56/1**.

13. Zeichnen Sie von der Schützschaltung **Bild 57/1** die Stromkreise, die nach kurzzeitiger Betätigung von S32 arbeiten, auf ein Blatt mit Einteilung nach **Bild 56/1**! Die genannten Stromkreise sollen im Arbeitszustand gezeichnet werden. Hinweis bei Aufgabe 11 beachten!

14. Zeichnen Sie auf ein Blatt im Hochformat mit Einteilung nach **Bild 56/2** den Teil der Anlage von Bild 56/2, welcher arbeitet, wenn Tastschalter S1 und S9 gleichzeitig betätigt werden! Die zeichnerische Darstellung soll aber in der Ruhestellung der Schaltglieder erfolgen.

15. Zeichnen Sie auf ein Blatt im Hochformat mit Einteilung nach **Bild 56/2** den Teil der Anlage von Bild 56/2, welcher arbeitet, wenn Tastschalter S8 und S3 gleichzeitig betätigt werden! Die zeichnerische Darstellung soll in der Arbeitsstellung der Schaltglieder erfolgen. Hinweis bei Aufgabe 11 beachten!

p2. Welche Aufgabe hat F32 in Schaltung **Bild 57/1**?

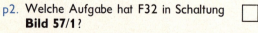

1. Schutz des Motors M3 bei Kurzschluß und bei Überlastung; **2.** Schutz der Motoren M3 und M4 bei Überlastung; **3.** Schutz des Motors M3 bei zu hoher Temperatur; **4.** Schutz des Motors M3 bei Überlastung; **5.** Schutz von M3 bei Körperschluß.

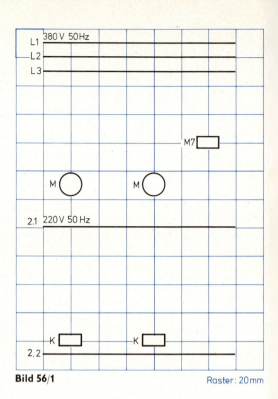

Bild 56/1   Raster: 20 mm

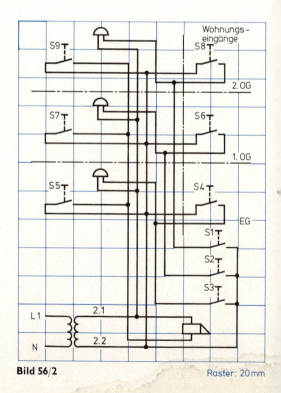

Bild 56/2   Raster: 20 mm

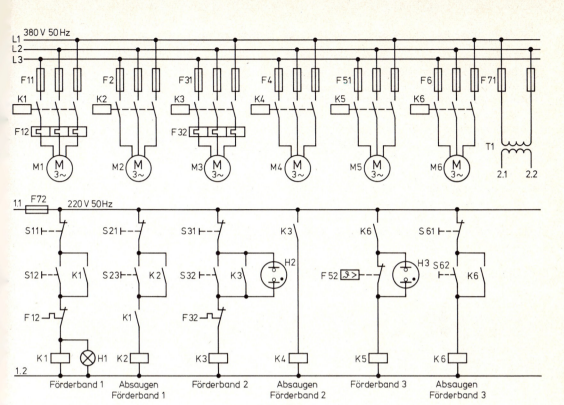

Bild 57/1

p3. Welche Aufgabe hat T1 von **Bild 57/1**?

1. Kleinspannungstransformator für Handlampen; 2. Trenntransformator für die Motoren; 3. Erzeugen der Steuerspannung; 4. Notstromversorgung; 5. Versorgung der Steuerung mit Kleinspannung.

p4. Welche Aufgabe hat F12 in Schaltung **Bild 57/1**?

1. Kurzschlußschutz des Stromkreises für Förderband 1; 2. Überlastungsschutz des Stromkreises für Förderband 2; 3. Überlastungsschutz für Förderband 1; 4. Schutz gegen unzulässige Erwärmung des Förderbandmotors 2; 5. Anlaßwiderstand.

p5. Ordnen Sie den Betriebsmitteln von Schaltung **Bild 57/1** die Aufgaben 1 bis 5 zu!

a	b	c	d	e

a) H3; b) F32; c) H1; d) S62; e) S31.

1. Abschalten des Absaugers vom Förderband 2; 2. Anzeige, daß M5 zu heiß ist; 3. Einschalten von Förderband 3 mit Absaugen; 4. Überlastungsschutz des Motors für Förderband 2; 5. Anzeige, ob Förderband 1 arbeitet.

p6. Geben Sie die Aufgaben der Betriebsmittel a) bis e) aus **Bild 57/1** an!

a	b	c	d	e

a) H2; b) S11; c) S61; d) F52; e) F72.

1. Anzeige, daß Förderband 2 nicht arbeitet; 2. Steuerstromsicherung; 3. Abschalten von Förderband 3 bei zu hoher Temperatur; 4. Abschalten von Förderband 3; 5. Abschalten von Förderband 1.

p7. Welche Folge tritt ein, wenn S3 von **Bild 56/2** betätigt wird?

1. Der Türöffner arbeitet; 2. die Klingel im 2. Obergeschoß ertönt; 3. die Klingel im Erdgeschoß ertönt; 4. der Transformator wird kurzgeschlossen; 5. der Taster S5 erhält nun Spannung.

p8. Welche Folgen treten ein, wenn in (?) der Schaltung **Bild 56/2** beim Anschluß des Tastschalters S5 und der Klingel im Erdgeschoß die Schalterdrähte bei den Anschlußdrähten des Tastschalters S5 an die Klingel und die beiden Anschlußdrähte der Klingel an den Tastschalter angeschlossen werden?

1. Transformator ist kurzgeschlossen; 2. der Türöffner brummt; 3. der Tastschalter S5 verschmort; 4. die Klingel bekommt Strom; 5. ohne Betätigung eines weiteren Tastschalters tritt keine Folge ein.

1.3.11 Verdrahtungsplan aus Stromlaufplan in zusammenhängender Darstellung

1. Ein Mehrbereichs-Spannungsmesser mit 7 verschiedenen Meßbereichen ist entsprechend dem Wirkschaltplan **Bild 58/2** auf eine Isolierplatte zu montieren. Für jeden Meßbereich ist eine eigene Buchse vorzusehen. Verdrahtung mit H05V-U 0,5 mm². Zeichnen Sie den Verdrahtungsplan mit der Blatteinteilung **Bild 58/1** in Hochformat!

2. Eine Wheatstonesche Brücke ist auf eine Isolierplatte zu montieren und nach dem Wirkschaltplan **Bild 58/3** zu verdrahten. Die Anschlüsse für R_x sind an zwei Buchsen anzuschließen. Verdrahtung mit H05V-U 0,5 mm². Zeichnen Sie den Verdrahtungsplan mit der Blatteinteilung **Bild 58/4** in Hochformat!

3. Zeichnen Sie den Verdrahtungsplan mit der Blatteinteilung **Bild 59/1** in Hochformat!
   a) Die Schützschaltung **Bild 59/2** soll in einem Verteilerkasten mit Steuersicherung F1, Motorsicherungen F2, Tastschalter S1 und S2 und Schütz K1 montiert werden. Die Anschlüsse sind auf eine Reihenklemme zu führen und die Klemmen zu bezeichnen. Verdrahtung mit H07V-U 1,5 mm² Cu. b) Der Motor ist anzuschließen. Leitung zum Motor: NYM 1,5 mm² Cu.

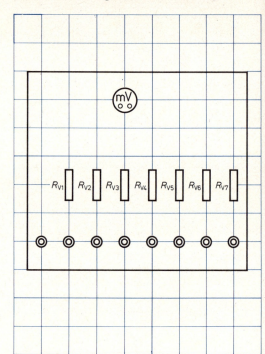

Bild 58/1 Raster: 20 mm

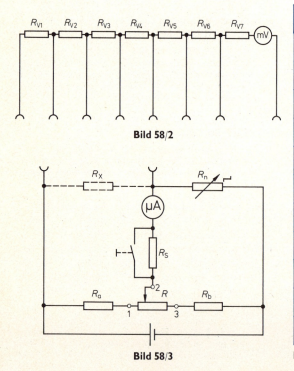

Bild 58/2

Bild 58/3

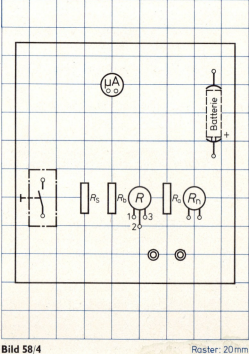

Bild 58/4 Raster: 20 mm

4. Zeichnen Sie den Verdrahtungsplan mit der Blatteinteilung **Bild 59/4** in Hochformat! Ein Druckspeicher 15 l ist entsprechend dem Stromlaufplan **Bild 59/3** zu verdrahten. Zum Anschluß der einzelnen Betriebsmittel wird H07V-K 1,0 mm² Cu verwendet.

p1. Wie können im Verdrahtungsplan
(2) die Betriebsmittel dargestellt werden?

  1. Schaltzeichen in einpoliger Darstellung; **2.** Schaltzeichen in mehrpoliger Darstellung; **3.** vollständige Konstruktionszeichnungen; **4.** vereinfachte Ansichten; **5.** entweder nur Schaltzeichen oder nur Ansichten.

p2. Was ist aus dem fertigen Verdrahtungsplan
(2) zu **Bild 59/1** erkennbar?

  1. Anschluß des Motors; **2.** Innenschaltung des Verteilerkastens; **3.** Wirkungsweise der Schützschaltung; **4.** zweckmäßige Reihenfolge der Verdrahtung; **5.** maßstäbliche Größenverhältnisse der Betriebsmittel.

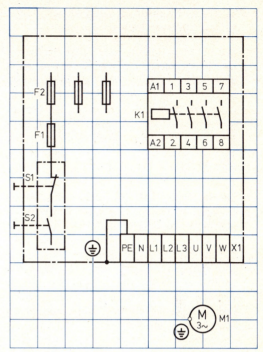

Bild 59/1 Raster: 20 mm

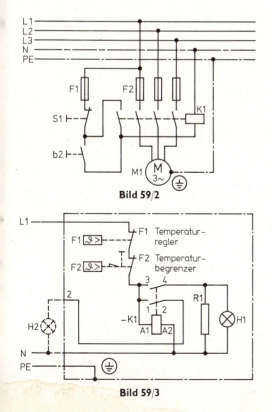

Bild 59/2

Bild 59/3

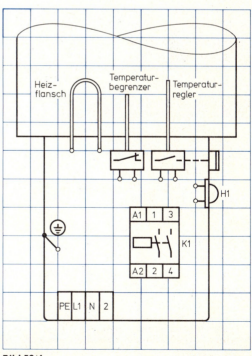

Bild 59/4 Raster: 20 mm

1.3.12 Stromlaufplan in zusammenhängender Darstellung aus Verdrahtungsplan

1. Ein Mehrbereich-Strommesser mit 6 verschiedenen Meßbereichen, für die verschiedene Buchsen vorgesehen sind, ist nach Verdrahtungsplan **Bild 60/1** auf einer Isolierplatte montiert. Zeichnen Sie den Stromlaufplan in zusammenhängender Darstellung auf ein Blatt im Querformat mit der Blatteinteilung **Bild 61/1**!

2. Ein Mehrbereich-Meßinstrument mit zwei verschiedenen Strommeßbereichen und zwei verschiedenen Spannungsmeßbereichen ist nach dem Verdrahtungsplan **Bild 60/2** auf einer Isolierplatte montiert. Die einzelnen Meßbereiche können mit dem Meßbereichsumschalter gewählt werden. Zeichnen Sie den Stromlaufplan in zusammenhängender Darstellung auf ein Blatt im Querformat mit der Blatteinteilung **Bild 61/2**!

3. Ein Kleinverteiler ist mit einem Überstromschutzorgan (Sicherung), einem Stromstoßschalter und einem Klingeltransformator 220 V/8 V nach Verdrahtungsplan **Bild 60/3** versehen. Zu den einzelnen Betriebsmitteln führen Schaltdrähte, die durch Farben gekennzeichnet sind. Zeichnen Sie den Stromlaufplan in zusammenhängender Darstellung der gesamten Anlage auf ein Blatt im Hochformat mit der Blatteinteilung **Bild 61/3**, und kennzeichnen Sie die Betriebsmittel mit den Kennbuchstaben und Kennzahlen!

4. Eine Gegenrufanlage mit Bestätigung ist auf zwei Platten nach Verdrahtungsplan **Bild 61/4** montiert. Die einzelnen Adern sind durch Farben gekennzeichnet. Zeichnen Sie den Stromlaufplan in zusammenhängender Darstellung auf ein Blatt im Hochformat mit der Blatteinteilung **Bild 61/5**, und kennzeichnen Sie die Betriebsmittel mit den Kennbuchstaben und Kennzahlen!

p1. Wie sind die Widerstände im Verdrahtungsplan nach **Bild 60/2** in Schalterstellung 1 geschaltet?

1. R1 liegt parallel zur Reihenschaltung aus Meßwerk und R2; 2. R1, R2 und das Meßwerk sind in Reihe geschaltet; 3. R2 liegt parallel zur Reihenschaltung aus Meßwerk und R1; 4. R1, R2 und das Meßwerk sind parallel geschaltet; 5. Parallelschaltung aus R2 und Meßwerk ist mit R1 in Reihe geschaltet.

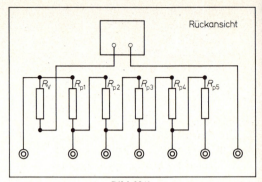

Bild 60/1

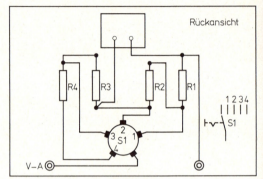

Bild 60/2

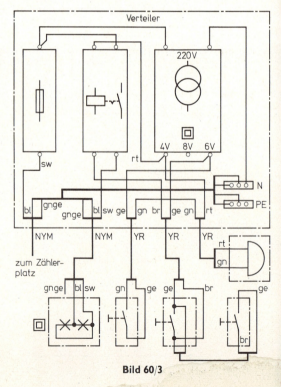

Bild 60/3

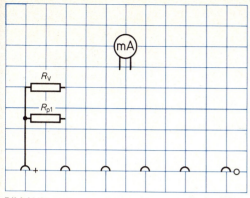

Bild 61/1   Raster: 20 mm

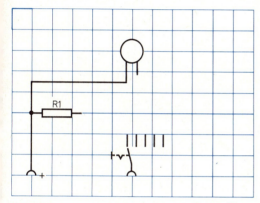

Bild 61/2   Raster: 20 mm

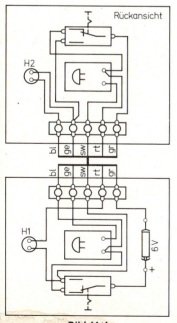

Bild 61/4

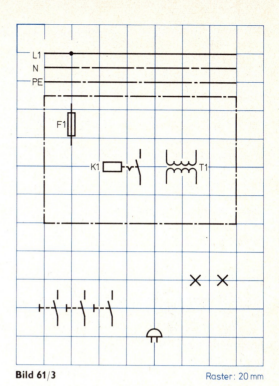

Bild 61/3   Raster: 20 mm

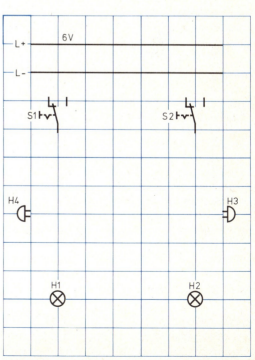

Bild 61/5   Raster: 20 mm

Sachwortverzeichnis

Abdeckplatte 9
Abmaß 24
Absatz 10
Abstand 8
Achsabstand 13
Ader 41
Anschlag 18
Ansichten 14, 16, 25
Antrieb 12, 33
Alarmanlage 44
Ausschalter 38, 51
Ausschaltung 34, 40
Ausschnitt 10
Außengewinde 22, 23
_leiter 52

Batterie 51
Befestigungsflansch 12
Beleuchtungsanlage 48
Bemaßung 8, 18, 23
Beschreibung 25, 50, 52
Bezugsebene 8
Bleistift 5
Blinkanlage 46
Bodenplatte 12
Bohrung 18, 22
_sdurchmesser 8
_smitte 8
Bremsmagnet 10
Brückenschaltung 58
Buchstaben 5

Deckel 8
Diagonale 7
Dichtung 13
Distanzstück 10
Doppellötfahne 10
Draufsicht 14
Drehkurbel 32
_strom 50
_teile 17, 18
Druckspeicher 59
Dunkelschaltung 52
Durchbruch 25
Durchgangsloch 28
_prüfer 40
Durchbruch 25

Einbruchalarmanlage 42
Einphasenmotor 44
Einzelteil 28
Element 33

Ergänzen von Ansichten 16
_ von Stromlaufplänen 46
_ von Wirkschaltplänen 34
Fertigungsbezogene Bemaßung 9
Feinschlichtbearbeitung 24
funktionsbezogene Bemaßung 9
flache Körper 8
Flachwerkstück 10
Flansch 12
Frontplatte 9
Führungsstück 18
funktionsbezogene Bemaßung 9
Funktionsgruppe 9
Fuß 29

Gegenrufanlage 34, 60
Geometrie 6
geometrische
   Grundkonstruktionen 6
Gewinde 22
Großbuchstaben 5
Größtmaß 24
Grundkonstruktionen 6
Grundplatte 28
Gruppenschaltung 42

Halbieren eines Winkels 7
Halbschnitt 18
Halteschiene 18
Hauptstromkreis 42, 50
Hausanschlußsicherung 53
Herauszeichnen 55
Heißwasserspeicher 52
Hinweislinie 32
Hilfsstromkreis 42, 44, 50
Hohlschraube 32
_welle 18
Hülse 18, 32
Hupe 51

Impulsschalter 40, 44
indirekte Widerstandsmessung 36
Induktionsspule 13
Innengewinde 22
_winkel 7
Isometrie 26
Isolierplatte 58
Installation 40
_sgeräte 33
_splan 38, 40

Jochblech 10

Kabelschuh 13
Kaltleiterwiderstand 53
Kegel 17

Kennbuchstaben 60
_zeichen 33
Kernblech 10
Kippschalter 33, 36
Kleinbuchstaben 5
Kleinstmaß 24
Kleinverteiler 60
Klemme 33
_nbrett 28
_nkörper 20
Klingelanlage 39, 57
_transformator 51
Körperschluß 52
Kondensator 33
Kontaktträger 20
Kontrollampe 50
Kreis 6
_anschlüsse 12
Kreuzschalter 38
_schaltung 36, 40, 46
Kühlblech 12
_platte 29
Kurbelarm 32
_griff 32
Kurzschluß 52
kWh-Zähler 37

Ladeschaltung 40
Lagebestimmung 8
Lagerschraube 32
Lampengruppe 34
_schaltung 40
Lasche 28
Laufrolle 32
Lautsprecherbox 8
Leiste 18
Leitungen 38, 58, 60
Leuchtmeldeanlagen 46
Lichtschaltungen 46
_stromkreis 41
Linienarten 5
Lochmitte 8
_nabstand 9
Lötfahne 29
logische Verknüpfung 37
Lot 7

Maßeintragung 9
_linie 5
_pfeil 5
_stäbe 8
Mehrbereich-Meßinstrument 60
_-Spannungsmesser 36, 58
_-Strommesser 36, 60

Messung
  hochohmiger Widerstände 36
_ niederohmiger Widerstände 36
Meßbereich 58
_bereichserweiterung 36
_bereichsumschalter 60
_instrument 33
_schaltung 38, 40
_werkmagnet 11
Mittelleiter 52
_linie 8
_punkt 7
_senkrechte 7
Motor 33, 39
_stromkreis 41

Nabe 32
Nennmaß 24
Normschrift 5
Notbeleuchtung 44, 52
Nullung 50

Oberflächenbeschaffenheit 24
–zeichen 24
Öffner 33, 37, 51, 56
ODER-Schaltung 37

Parallele 6
Parallelprojektion 26
Platte 8
Polblech 10
Profil 13
Prüfplatz 55
–stand 37
–taster 51

Raute 12
rechtwinklige
  Parallelprojektion 26
Reihenklemme 59
Relais 51, 53
_-Blinkschaltung 42
_schaltung 46, 53
Riefen 24
Rillenisolator 28
Ringschaltung 36
Rißergänzungen 16
Rufanlage 34
Rundungshalbmesser 12
_kreis 12

Sackloch 22
Schalter 44
_betätigungshebel 32
_platte 19

Schaltglied 56
_plan 55
_stück 33
_ungszeichnen 33
_vorgang 52
_zeichen 33
Scheibe 32
Schlichtbearbeitung 24
Schließer 33, 37, 51, 56
Schluß 53
Schnitt 18
_darstellung 22
_fläche 21
_punkt 7
Schräge 14
Schrägbild 14, 27
Schraffurlinien 5, 6
Schrift 5
Schruppbearbeitung 24
Schütz 50
_schaltung 42, 52, 59
_steuerung 48
Schutzkontaktsteckdose 34
_schaltung 56
Sechseck 7
_kantschraube 22
Seitenansicht 14
Selbsthaltekontakt 46
Serienschalter 38
_schaltung 34, 36, 46
_-Wechselschaltung 39
Sicherheitsbeleuchtung 42, 44, 52
Sicherung 53, 59
Skalenplatte 13
Spannplatte 19
Spannungsmeßbereich 60
Spiel 24
Spule 33
_nkörper 18
Station 34
Steckbuchse 33
_dosenstromkreis 41
_erstift 28
_fassung 30
Stehlager 21
Steuerstromkreis 44
Stopfbuchse 32
Strecke 6, 8
Strichdicke 5
Stromlaufplan 34, 38, 42, 46, 50, 58
_meßbereich 60
_stoßschaltung 39, 40, 42, 44, 52
Stütze 19

Stützisolator 28
_platte 19
Stufenschalter 50

Tastschalter 34, 59
Teilen einer Strecke 7
Teilschnitt 20
thermisches Relais 51
Toleranz 24
Träger 18
Trennwand 10
Treppenhausbeleuchtung 48
Tülle 29
Türöffner 35, 39, 50, 57

Übergangsbogen 13
Übersichtsschaltplan 38, 40
Übertragen eines Winkels 7
Umschalter 34
Umschlingungswinkel 12
UND-Schaltung 37
Unterlage 10
_sicht 14

Verdrahtungsplan 38, 60
Verknüpfung, Logische 37
Verkürzung 26
Verlegungsart 38
Verschraubungen 22
Verteilerkasten 59
Vierkant 17
Vollschnitt 18
Vorderansicht 14
Vorsprung 10

Warnanlage 46
Wechselschalter 38
_schaltung 42
_strommotor 50
Wecker 50
_anlage 42
Widerstand 33
Winkel 7, 10
_halbierende 7
_stück 20
_lötfahne 11

Zähler 37
Zapfen 18
Zeilenabstand 5
Zeitschalter 44
Zentrierteil 19
_platte 19
Zusammenbau 32
_stellung 32
_stellungszeichnung 32

63